目次

本書の使い方······3

動物	ほ乳類	4
	は虫類	10
	両生類	12
	鳥類	16
	魚類	54
	貝類	61
	甲殻類	62
	扁形動物	63
	環形動物・類線形動物	64
	ムカデ・ダニ・ザトウムシ	64
	クモ	65
	昆虫	71
植物	草本	148
	木本	224
	シダ植物	245
	コケ植物	248
菌類	キノコ	249

索引······257
参考文献······270
あとがき······271

本書の使い方

Point
撮影月日と撮影場所を明記
月日は見られる時期の参考のため、場所は市町村名もしくは利根川、荒川など大まかに表記。

アイコン

- **特天** 国指定の特別天然記念物
- **天** 国及び県、市町村指定の天然記念物
- **CR** 環境省選定の絶滅危惧種
- **EN** 埼玉県

EW	野生絶滅	CR	絶滅危惧Ⅰ A 類	VU	絶滅危惧Ⅱ類
CE	絶滅危惧Ⅰ類	EN	絶滅危惧Ⅰ B 類	NT	準絶滅危惧種

- **特外** 特定外来生物に指定されている生物
- **外** 外来種
- **夜** 主に夜見られるもの
- ☠ **有毒なものや危険な生物**
  触ったり、刺されたり、噛まれたりすると危険なもの、あるいは食すると危険なものにこのマークを記している。ただし、生物によっては毒が微弱で人によっては害がない場合もある。

大きさ

動物・菌類 / 植物

0～1cm	つる性
1～3cm	0～10cm
3～5cm	10～30cm
5～7cm	30～100cm
7～10cm	1～3m
10～30cm	3～5m
30～100cm	5m以上
1～3m	

ほ乳類…頭胴長
貝　　…殻長
カニ　…甲長
クモ　…体長
　　　　頭胸部と腹部の長さ
昆虫　…体長
　　　　チョウ・ガは開長
　　　　セミは翅端まで
その他の動物…全長
植物　…高さ
キノコ…傘径

見られる季節

春	3～5月		シーズンを通して見られる（花が咲く植物は花の季節）
夏	6～8月		主にシーズン前半に見られる
秋	9～11月		主にシーズン後半に見られる
冬	12～2月		見られない

ニホンジカ シカ科   4月29日 秩父市（円内：♀）

0.9～1.9m　春 夏 秋 冬　夜

日本国内では大型のほ乳類でウシ目（旧・偶蹄目）シカ科に属する。もともと奥深い森林で見られる程度であったが近年分布を急拡大している。その理由として狩猟圧力が減ったことや中山間地の農地・林業地の荒廃、地球温暖化などが挙げられているがはっきりしない。草食性で様々な植物を摂食するが、餌の不足する冬期には植林したスギなどの樹皮を剥して食べるため問題となっている。本来は夜行性で写真は秩父市の栃本付近で夜間に撮影。車で走っているとよく道路に現れ、秩父地方でも生息数が増えていると実感した。

ニホンカモシカ　ウシ科

1m前後　春　夏　秋　冬　特天

種指定の特別天然記念物。ニホンジカの仲間ではなく偶蹄目ウシ科に属する。主に単独で行動し、縄張りを作る。脚は短くひづめの先を広げて立てるので急峻な斜面を歩くことができる。角は雌雄ともにある。県内では奥秩父に生息している。全国的に増加傾向にあり、一部は害獣として駆除される現実がある。

5月21日　小鹿野町

ニホンツキノワグマ　クマ科

1.1～1.5m　春　夏　秋　冬　VU　夜

県内では秩父方面に生息しており県の絶滅危惧Ⅱ類に指定されている。毎年のようにどこかで人を襲ったニュースが流れるが、環境の変化が原因の一つと考えられている。幸いというか残念ながらというか自然のツキノワグマに出会ったことがないので写真はズーラシアで撮影したもの。

2月20日　ズーラシア

5

ニホンイノシシ イノシシ科

1.1〜1.6m　春 夏 秋 冬　夜

平地から低山帯の雑草が茂る草原や森林に生息し、植物の地下茎や果実、ミミズなどの動物性のものも食べる雑食性。農作物などを求めて人家周辺に現れ、被害が問題になっている。南方系の動物で、北海道には生息しない。近年分布が拡大、北上していて東北地方でも見られる。

11月8日　茨城県

ホンドキツネ イヌ科

60〜70cm　春 夏 秋 冬　夜

県内では低地帯から亜高山帯まで広く分布するが、生息数が減少しているのと用心深いことから目にする機会は多くない。低地帯では荒川や利根川の河川敷に少数が生息している。人里付近で見るとイヌと間違えそうだがとがった口先と三角形の大きな耳、そして尾が太くて長いのが特徴。　北本市（撮影：荒木三郎氏）

ホンドタヌキ イヌ科

40〜50cm　春 夏 秋 冬　夜

県内では低地帯から亜高山帯まで広く分布している。雑食性のため市街地で残飯をあさったりしていることもあるが低地帯での生息地は限定的である。ニホンアナグマに似るが足が細く鼻先が丸い。夜間に車のライトを浴びると立ちすくんでしまうため交通事故に遭うことが多い。

11月25日　秩父市

ニホンアナグマ　イタチ科

40〜50cm　春　夏　秋　冬　夜

夜行性なので見たことがない人が多いかもしれない。たまに昼間でも見かけることがある。写真は真夜中の奥秩父で撮影。丘陵地から山地にかけて生息する。古くはムジナと呼ばれていた。深く入り組んだ巣穴を掘り、家族群で暮らす。ミミズや土壌動物、ドングリなど植物性のものも食べる。　10月29日　秩父市

ホンドテン　イタチ科

45〜50cm　春　夏　秋　冬　夜

ニホンイタチよりやや大きく、県内では丘陵地から亜高山帯にかけて生息する。夜行性だが朝夕には見ることがある。特に果実を好み、種子の混ざったフンがよく見つかる。写真は夏毛で濃い褐色をしているが、冬毛（円内）は顔が白く、足を除く全身が黄色に覆われて美しい。

6月4日　茨城県　（円内：尾瀬）

ニホンイタチ　イタチ科

20〜30cm　春　夏　秋　冬　夜

水辺環境を好み河川の流域や池の近くに生息していることが多い。肉食性が強くカエルやザリガニ、魚などを食べるが、植物性のものも少しは食べる。西日本では外来種のチョウセンイタチが増加している。夜行性だが、写真は北本自然観察公園で昼間に現れたときに撮影。
5月5日　北本市

7

ハクビシン　ジャコウネコ科

60〜65cm　春　夏　秋　冬　外　夜

漢字で「白鼻心」と書くように鼻筋が白いのが特徴。雑食性で木登りもうまく果実や昆虫、小動物などをエサにする。最近分布を広げており人家に侵入したり果樹に被害を与えるなど問題になっている。外来種とする説が有力だが、外来生物法の適用は受けていない。

3月9日　千葉県

ニホンザル　オナガザル科

60cm前後　春　夏　秋　冬

地球上のサルのうち最も北に棲んでいる。県内では奥秩父でよく見かける。昼行性なのでほ乳類の中では姿を見られる可能性が高い。ボスを中心とする群れで生活するが、若いオスは放浪することが多く、市街地にもときどき出没することがありニュースに流れては大騒ぎになる。

11月12日　秩父市

ニホンノウサギ　ウサギ科

40〜50cm　春　夏　秋　冬　夜

夜行性のため見る機会は少ない。姿を見るのは難しいが、雪が積もった日の足跡は意外とよく見られる。冬の白いノウサギは亜種トウホクノウサギで、本県などの雪の少ない地域では写真のように一年中褐色で白くならない亜種キュウシュウノウサギが生息している。

10月28日　横瀬町

ニホンリス リス科

15〜20cm 春 夏 秋 冬

日本固有種。昼行性だが早朝に見かけることが多い。主に樹上で行動するが、山道で出会うこともある。県内では三峰など奥秩父で何回か見かけている。山でまっぷたつに割れて空になったクルミの殻やエビフライのような形の松ぼっくりが落ちていたら、これが本種の食痕である可能性が高い。

12月23日　山梨県

ムササビ リス科

40〜50cm 春 夏 秋 冬 夜

大きなスギなどがある社寺林で見られることが多い。夜行性で日没後に活動を始める。飛膜を広げて飛ぶ姿を下から見ると白いお腹が目立ち「空飛ぶ座布団」と表現される。巣穴のある木の幹には鋭い爪痕が残る。観察の際には懐中電灯に赤いセロハンを貼ると警戒されにくい。

10月8日　飯能市

ホンドカヤネズミ ネズミ科

6cm前後 春 夏 秋 冬 NT 夜

ヨシやススキなどが生える休耕田や河川敷などの草地に生息し、県内では低地帯から低山帯に局所的に見られる。体の背面は暗褐色で腹部は白色。小さな体の割には尾が長いのが特徴。その長い尾をヨシやススキなどの茎に巻き付けて上り下りする。円内は葉で作った巣で球形。

北本市（撮影：荒木三郎氏）

シマヘビ ナミヘビ科

0.8〜2m 春 夏 秋 冬

体色は淡い黄褐色で4本の黒い縦縞がある。真っ黒なカラスヘビ（黒化型：円内）や真っ白なヘビが現れることがある。

6月24日　皆野町

ジムグリ ナミヘビ科

0.7〜1m 春 夏 秋 冬

写真のように成蛇は淡黄褐色もしくは赤褐色で暗色の小斑が散在するが、幼蛇は赤い。ネズミなどを捕食する。

6月22日　秩父市

アオダイショウ ナミヘビ科

1.1〜2m 春 夏 秋 冬 NT

全長2mを超すこともある。日本本土では最大級のヘビ。人家周辺に多い。幼蛇（円内）は模様が少しマムシに似る。

4月30日　入間市

ヤマカガシ ナミヘビ科

0.7〜1.5m 春 夏 秋 冬 NT

褐色に赤と黒が並ぶ体色のヘビ。奥歯に毒がある。手を出さなければまず噛まれないが注意は必要。

8月28日　秩父市

ニホンマムシ クサリヘビ科

40〜65cm 春 夏 秋 冬 夜

他のヘビに比べると長さの割に胴が太い。特徴的な銭形模様がある。平地から山地に生息し特に水辺周辺に多い。夜行性。

9月3日　北本市

ニホンカナヘビ　カナヘビ科

16〜27cm　春　夏　秋　冬

ヘビと名前につくが日本でもっとも普通に見られるトカゲの一種。平地から山地まで生息しており家の庭などでも見られる。ニホントカゲに比べると褐色の体色につやがない。　6月15日　北本市

ヒガシニホントカゲ　トカゲ科

20〜25cm　春　夏　秋　冬

成体は褐色で金属光沢がある。幼体（円内）は黒地に黄白色の縦条が5本ある。尾は濃いブルーをしているが、成長とともに薄れて褐色になっていく。尾は切れても再生する。
4月24日　小鹿野町（円内・7月10日　東京都）

クサガメ　ヌマガメ科

20〜30cm　春　夏　秋　冬　NT　外

公園の池、流れの緩やかな河川などで見られる。古い時代に大陸より移入されたものとされる。暗褐色の頭部に黄緑色の斑紋が入る。外敵に襲われると悪臭を放つことからの名。　9月17日　さいたま市

ミシシッピーアカミミガメ　ヌマガメ科

20〜28cm　春　夏　秋　冬　外

縁日などでミドリガメとして売られていたものが、大きくなって池や川などに捨てられて繁殖したもの。県内はもちろん日本中に広がっている。名前からわかるようにアメリカ産である。6月5日　さいたま市

ニホンヤモリ ヤモリ科 NT

10〜14cm 春 夏 秋 冬 外 夜

主に民家やその周辺に見られる夜行性のは虫類。よくイモリと混同する人がいるが、ヤモリはは虫類でイモリは両生類。原生林などでは見られないので外来種とする説が有力。

8月 上尾市（撮影：荒木三郎氏）

シュレーゲルアオガエル アオガエル科

3〜5.5cm 春 夏 秋 冬

水田や森林に生息し、水辺の土手に泡状の卵塊を産む。ニホンアマガエルに似るが鼻から目にかけて褐色の線がない。オランダ人シュレーゲルが名前の由来で日本固有種。

5月15日 入間市

カジカガエル アオガエル科

4〜8.5cm 春 夏 秋 冬

初夏の渓流でフィー、フィーとカエルとは思えない美しい声で鳴く。鳴いていても体色は灰褐色で水辺の石に溶け込んでいるので、よほど目をこらして探さないと見つからない。

6月25日 小鹿野町

ニホンアマガエル アマガエル科

2〜4.5cm 春 夏 秋 冬

産卵期はよく水田で鳴いているが、本来は樹上生活に適した種で産卵期以外は草や低木の上などにいる。シュレーゲルアオガエルに似るが目から鼻にかけて褐色帯があるのが区別点。

6月12日 吉見町

ウシガエル アカガエル科

11〜18cm 春 夏 秋 冬 特外

北アメリカ原産の外来種。大正時代に食用として移入され野生化。低地の開けた池や沼でよくウシに似た声で鳴いている。体長5cmを超える巨大なオタマジャクシは本種である。　7月27日　北本市

ニホンアカガエル アカガエル科

3.5〜7.5cm 春 夏 秋 冬

体色が赤褐色のカエルで次種のヤマアカガエルによく似る。区別点は背中の両側に平行に走る背側線。本種はほぼ真っすぐだが、次種は鼓膜の後ろで曲がっている。

7月30日　入間市

ヤマアカガエル アカガエル科

3.5〜7.8cm 春 夏 秋 冬 NT

ヤマと名前につくので山地に生息していると思われがちだが、山地だけでなく平地や丘陵地にも生息しており、前種のニホンアカガエルと混生することも多い。見分け方は前種参照。　8月15日　入間市

ナガレタゴガエル アカガエル科

4〜6cm 春 夏 秋 冬 NT

1978年東京都の奥多摩で最初に発見された種で森林の渓流に棲む。タゴガエルに近縁。水中越冬し、2月頃には繁殖期を迎える。この時期には皮膚がひだ状にたるむ。

2月26日　小鹿野町

13

ツチガエル　アカガエル科
3〜6cm　春 夏 秋 冬　VU

別名イボガエルと言われるように背中にいぼ状突起がたくさんある。背の色は灰褐色から黒褐色で斑模様になる。水田や湿地、池や河口から山地の渓流まで広く生息している。

7月3日　秩父市

ヌマガエル　アカガエル科
2.8〜5.4cm　春 夏 秋 冬　外

本来は西日本の温暖な地方に棲むカエル。最近は県内各地で見られるようになったが、人為的な移入種と思われる。背は灰褐色の斑模様でいぼ状突起があるがツチガエルほど凸凹でない。　6月15日　北本市

トウキョウダルマガエル　アカガエル科
4〜8.5cm　春 夏 秋 冬　NT NT

ダルマガエルの亜種で関東地方と新潟県、長野県および仙台平野に分布する。半水生で池沼や緩やかな川に生息。俗にトノサマガエルと呼ばれるが誤り。

6月12日　吉見町

アズマヒキガエル　ヒキガエル科
7〜15cm　春 夏 秋 冬

ガマガエルと俗称で呼ばれるのが本種で近畿以東に分布。産卵期には池などにたくさんの雌雄が集まり、集団で繰り広げられる繁殖行動が見られ、「蛙合戦」と呼ばれている。

4月24日　秩父市

トウキョウサンショウウオ　サンショウウオ科　　3月5日　入間市（円内：3月11日）

8〜13cm　春　夏　秋　冬　VU　VU　夜

東京の名を持つのはあきる野市草花で採取された個体によってそれまで西日本を中心に生息していたカスミサンショウウオとは違う種であることが明らかになったことによる。成熟個体は丘陵地の雑木林などの落葉に潜って生活していると考えられている。春先には池沼や湿地、水たまりなど流れのない水場に出てきて産卵（円内左は卵）する。普通は夜に産卵するが写真は珍しく昼間に産卵が行われたときに撮影。左側にお腹の大きなメスがいるのがわかる。円内右は幼生。

ヤマドリ キジ科

4月29日 秩父市

♂125cm ♀55cm 　春 夏 秋 冬

丘陵地から標高1500m以下の山地の薄暗い林の中などに生息している。主に植物性のものを摂食し、ヤドリギの実を好む。赤茶色の体色でオスの尾羽はキジよりも長い。赤や茶の濃淡を中心に白や灰白色が混じった斑紋は日本的な美しさを感じ見惚れてしまう。早朝あるいは夕方には道路脇などに出てきていることもある。イヌワシ、クマタカなどの大型猛禽類の食料として重要。写真は道路脇の斜面で餌をついばんでいたところを車に気づいて顔を上げた場面。日本固有種。

キジ キジ科

日本の国鳥。写真はオスで緑色に褐色の斑紋が入った翼と長い尾羽、頭部の赤い肉腫が目立つ。メスは茶褐色でオスよりも一回り小さい。春の繁殖期にはハーレムが形成され、一羽のオスと数羽のメスで群れる。この時期のオスは農耕地周辺の草むらなどで「ケーンケーン」とよく鳴く。

6月10日　入間市

コジュケイ キジ科

中国原産の外来種でキジの仲間。大正時代に日本各地で狩猟用に放鳥され野生化した。上面は褐色に黒い横斑、頬から下面は茶色で額から眉斑と上胸が青灰色。鳴き声は「ちょっとこい、ちょっとこい」と聞きなしされる。下草の茂った雑木林などで数羽の群になっていることが多い。

9月11日　北本市

コハクチョウ カモ科

120 cm　春　夏　秋　冬　NT

ユーラシア大陸北部で繁殖し、冬期には日本にも飛来し越冬する。全身真っ白で黒い嘴の基部が鼻孔の手前まで黄色。よく似ているオオハクチョウは名前のとおりやや大きく、嘴の黄色の部分が嘴の半分以上で鼻孔の先まで広がっている。幼鳥は全体が灰白色で嘴も黄色の部分が白い。

12月11日　川島町

オオハクチョウ カモ科
140 cm 　春 夏 秋 冬　CR

ユーラシア大陸北部などで繁殖し、冬期本州以北の河川や湖沼に飛来し越冬する。コハクチョウよりも甲高い声で鳴く。　12月13日　川越市

ミコアイサ カモ科
♂44 cm ♀39 cm　春 夏 秋 冬

右がオスで左がメス。白い顔に眼の回りの黒が目立つオスを見るとついパンダガモといいたくなってしまう。　1月4日　川越市

ホオジロガモ カモ科
♂47 cm ♀40 cm　春 夏 秋 冬

写真は真ん中がオスで名前のように嘴の基部に白い斑があり、頭部は三角形に尖る。前後の地味なのがメス。　12月18日　深谷市

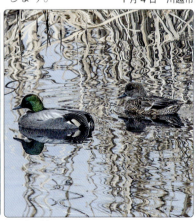

ヨシガモ カモ科
48 cm　春 夏 秋 冬

オスはナポレオンの帽子のような頭部の形が特徴的。冬鳥として飛来するが数は多くない。
2月5日　さいたま市

オシドリ　カモ科

45 cm　春 夏 秋 冬　EN（繁殖鳥）／VU（越冬鳥）

写真は前の地味な鳥がメスで後ろの派手なのがオス。色とりどりで美しいオスは人気があるが、これは繁殖期の姿で非繁殖期はメスと同じような色合いになる。雑食性だがどんぐりを好んで食べることがよく知られている。県内ではあまり多くない。樹木の茂った河川や湖沼などの環境を好む。

2月4日　吉見町

トモエガモ　カモ科

40 cm　春 夏 秋 冬　VU VU

シベリアの東部などで繁殖し冬に日本にも飛来するが数は多くない。写真はオスで顔の黄白色と緑色を中心に黒と白が入った巴状の斑紋が特徴。メスは全体に褐色で黒褐色斑が混じる地味な体色。食性は植物食を中心とした雑食性である。環境省の絶滅危惧Ⅱ類に指定されている。

2月13日　三郷市

マガモ カモ科

59 cm　春 夏 秋 冬

日本では冬に水辺で見られる。写真はオスで黄色の嘴、緑の頭、白い首輪が特徴。　12月13日　吉見町

カルガモ カモ科

61 cm　春 夏 秋 冬

平野部から山地にかけて水辺に生息する留鳥。嘴の先が黄色いのが特徴。　7月23日　さいたま市

コガモ カモ科

38 cm　春 夏 秋 冬

冬鳥として飛来する。カモの仲間では最小種の一つ。オスは目の周りが暗緑色。　11月27日　宮代町

オカヨシガモ カモ科

50 cm　春 夏 秋 冬

繁殖期のオスはグレーで尾部が黒い。メスは明るい茶で嘴が黄色。冬鳥。　2月5日　さいたま市

ヒドリガモ カモ科

49 cm　春 夏 秋 冬

オスは額から頭にかけたクリーム色の太い筋がよく目立つ。手前がオスで奥がメス。　12月13日　川越市

アメリカヒドリ カモ科

48 cm　春 夏 秋 冬

ヒドリガモに似るが目から後頭部にかけて光沢のある緑色なのが特徴。　3月1日　三郷市

オナガガモ カモ科

写真は手前がオスで名前のとおり尾羽が長いのが特徴。冬鳥として多数飛来する。　12月13日　川島町

ハシビロガモ カモ科

漢字で「嘴広鴨」と書くように嘴が広く、その嘴を水面で動かしてエサをとる。　12月13日　川越市

ホシハジロ カモ科

オスは茶色の頭に赤い目、黒い胸に灰白色の背。メスは濃茶の頭と胸、背と腹は茶。　12月18日　吉見町

キンクロハジロ カモ科

オスは黒い頭に長い冠羽を垂らした姿が特徴的。金色の目もよく目立つ。　12月18日　吉見町

スズガモ カモ科

写真はメスで嘴の基部が白い。オス（円内）はややキンクロハジロに似る。　12月9日　深谷市

シマアジ カモ科

日本には渡りの途中に旅鳥として飛来。繁殖期のオスには目立つ白い眉斑がある。9月11日　北本市（円内：4月 千葉県）

カイツブリ カイツブリ科
26cm 春 夏 秋 冬

河川や湖沼などでよく見かける。潜水が得意。魚類や甲殻類などを食べる。水上に浮巣を作り子育てをする。

7月23日 さいたま市

ハジロカイツブリ カイツブリ科
33cm 春 夏 秋 冬 NT

目が赤く嘴がわずかに上に反るのが特徴のカイツブリの仲間。県内では冬鳥として湖沼や大きな河川で見られる。

1月29日 さいたま市

カンムリカイツブリ カイツブリ科
56cm 春 夏 秋 冬 VU

頭部の黒い冠羽が特徴で普通のカイツブリに比べるとかなり大きい。県内では冬季に河川や湖沼に飛来する。

1月29日 さいたま市

キジバト ハト科
33cm 春 夏 秋 冬

平地から山地に生息する留鳥で都市部でも見られる。翼の鱗状の模様と首筋の青と白の横縞模様が特徴的。

2月15日 川越市

カワラバト ハト科
33cm 春 夏 秋 冬 外

本来はヨーロッパなどに生息。日本には古代に渡来。神社などでも保護され、また伝書鳩が野生化するなど各地に広がった。

2月19日 川越市

シラコバト　ハト科
`32 cm`　春 夏 秋 冬　天 VU EN

全体が白っぽい灰色をしたハトで首の後ろ側に黒い線状の模様が入る。江戸時代に移入されたものが野生化したものと考えられている。国の天然記念物、県の鳥、越谷市の市の鳥に指定され、埼玉県のマスコット「コバトン」のモデルにもなっている。近年減少傾向にあり、生息地の越谷市でもなかなか見られない。　1月28日　春日部市

カワウ　ウ科
`81 cm`　春 夏 秋 冬

ウミウに似るがやや小形。主に河川部や湖沼に生息し分布を拡大している。大規模なコロニーをつくり、糞害をおこす。　3月7日　滑川町

アマサギ　サギ科
`50 cm`　春 夏 秋 冬

夏鳥として主に水田など農耕地に飛来する。夏羽は橙色を帯びるので他の白いサギの仲間と間違えることはない。　6月12日　吉見町

ダイサギ サギ科

89 cm 春 夏 秋 冬

体色が白いサギの中では一番大きく、体長90cmほど。他のサギ類よりも首が長い。繁殖期になると嘴は黒くなり、婚姻色が目と嘴の間に青緑色に現れ、胸や背中に飾り羽も見られるようになる。水田や川、湖沼などの水辺で魚やザリガニ、昆虫などを捕食する。

8月10日　川越市

チュウサギ サギ科

68 cm 春 夏 秋 冬 NT VU

ダイサギとコサギの中間の大きさのサギだが、現実的には大きさだけでの判別は難しい。ダイサギ、コサギより少ない。県内では主に夏鳥として渡ってくる。眼先が黄色で眼下にある口角の切れ込みがダイサギより短く眼の真下で止まる。国の準絶滅危惧種。

7月23日　さいたま市

コサギ サギ科

61 cm 春 夏 秋 冬

日本に生息する白いサギの仲間では一番小さい。足の指が黄色い白いサギは本種である。水田や河川、池などの水辺に広く生息し、県内では普通に見られる。魚やカエル、ザリガニなどを捕食する。水中の脚を細かく震わせて獲物を探す行動をとることがある。

6月12日　吉見町

アオサギ サギ科

93 cm　春 夏 秋 冬

日本のサギの仲間では最大種。水田や湖沼、川岸、干潟などで一年中見られ、魚やカエル、ザリガニなどを捕食する。　9月11日　加須市

ムラサキサギ サギ科

84 cm　春 夏 秋 冬

八重山諸島では留鳥。県内にはごく稀に飛来する。写真は幼鳥で褐色っぽいが成鳥は名前のとおり紫色を帯びる。　6月13日　さいたま市

ヨシゴイ サギ科

36 cm　春 夏 秋 冬　NT　VU

名の由来は湿原や池沼などのヨシ原に生息することから。開けた場所には現れないので観察しづらい。サギ類では最小。　9月11日　川越市

ゴイサギ サギ科

58 cm　春 夏 秋 冬　夜

夜行性のサギで昼間は樹上などで休んでいる。写真は上が成鳥で下は幼鳥。幼鳥はホシゴイという別名がある。　8月30日　北本市

ササゴイ サギ科
52cm 春夏秋冬 VU

ゴイサギに似るが一回り小さく嘴が長い。また虹彩は黄色（ゴイサギは赤）。翼には瓦屋根のような模様がある。県内には夏鳥として河川や湖沼などに飛来するが、局地的で数も多くない。冬季は九州以南で越冬する。魚や甲殻類を主食とする。写真はオイカワを捕えて食べるところ。

6月24日　狭山市

ヘラサギ トキ科
86cm 春夏秋冬

クロツラヘラサギに似るが本種のほうが大きく、目の周りが黒くない。湖沼や水田などに飛来するが県内では稀。

1月26日　川越市

クロツラヘラサギ トキ科
74cm 春夏秋冬 EN

世界で約2000羽しかいないといわれる渡り鳥で国の絶滅危惧ⅠA類。大きなスプーンのような嘴が特徴。県内では非常に稀。

12月13日　川越市

クイナ クイナ科

29 cm　春 夏 秋 冬　VU

湿地のヨシ原などに生息し、開けた場所にはあまり出てこない。長い嘴の下が赤いのが特徴でよく目立つ。　1月15日　さいたま市

バン クイナ科

32 cm　春 夏 秋 冬　NT

額と嘴の根元が赤く先端部は黄色。足も黄色でその他は全体にほぼ黒い。湖沼や河川のほか公園などの池でも見られる。　11月27日　春日部市

オオバン クイナ科

39 cm　春 夏 秋 冬　CR

嘴から額にかけて白くその他は全身真っ黒。目は赤茶色。湖沼や河川など淡水域で見られる。近年増加傾向。　7月23日　さいたま市

カッコウ カッコウ科

35 cm　春 夏 秋 冬

鳴き声はよく知られているが姿は次ページのツツドリやホトトギスによく似る。鳴き声さえ聞こえれば識別は容易。　5月28日　さいたま市

27

ツツドリ カッコウ科
33 cm　春 夏 秋 冬

「ポポッポポッ」というさえずりが竹筒を叩いた時の音に似ている。5月ごろ飛来する夏鳥で比較的山地に多い。自力での育雛はせず、主にセンダイムシクイに托卵する。頭部から背は青灰色で翼や尾は黒褐色。下面は白く黒褐色の横斑がある。カッコウより小さくホトトギスより大きい。

9月5日　さいたま市

ホトトギス カッコウ科
28 cm　春 夏 秋 冬

「特許許可局」などと聞きなしされるように「キョッキョンキョキョキョ」と鳴く。

5月15日　所沢市（円内：6月10日入間市）

アマツバメ アマツバメ科
19 cm　春 夏 秋 冬

翼が長く鎌状に湾曲し、尾羽も長くV字状、高速で飛び回る。腰と喉が白い。市街地でも上空を通過する姿が見られる。　5月8日　横瀬町

タゲリ　チドリ科

頭部の長い冠羽と背面の光沢のある暗緑色が美しく「冬の貴婦人」と称される。県内には冬の田や草地などに小さな群れで飛来している姿を目にすることができる。

1月3日　川島町

ケリ　チドリ科

水田、河原などで見られる大型のチドリの仲間。頭部から胸部が灰青色、体上面は灰褐色、下面は白。飛ぶと翼の黒と白が目立つ。繁殖期には気が荒く、外敵を追い払う。

12月17日　坂戸市

イカルチドリ　チドリ科

河川の中流域や湖沼に生息するチドリの仲間。体の上面は褐色で腹は白。胸に黒帯があり、過眼線と額からの線が黒い。コチドリに似るがやや大きく目の回りの黄色があまり目立たない。　1月28日　春日部市

コチドリ　チドリ科

16 cm　春　夏　秋　冬

首と目の回りや額の黒がくっきりし、目の回りの黄色のアイリングも目立つ。体の上面は褐色で下面は白色。湖沼や河川の中流域より下流に夏鳥として飛来する。

12月13日　川越市

セイタカシギ セイタカシギ科

37 cm 春 夏 秋 冬 VU

名前は脚が長く背が高いシギだから。背と嘴が黒く腹側は白、脚はピンクとシックなそのいでたちは「水辺の貴婦人」とも呼ばれる。湖沼や水田などの旅鳥として飛来する。

9月18日 川越市

アオアシシギ シギ科

35 cm 春 夏 秋 冬

日本には旅鳥として春と秋に飛来する。干潟や水田、湖沼などで見られる。名前の由来となっている脚の色は青緑色。嘴は灰黒色でやや上に反る。食性は動物食。

10月5日 川越市

タカブシギ シギ科

21 cm 春 夏 秋 冬 VU

旅鳥として春と秋の渡りの時期にユーラシア大陸から飛来する。水田や湿地など淡水域で見られ、海辺では稀。名の由来は鷹の羽の模様に似ていることから。

9月25日 川越市

ハマシギ シギ科

21 cm 春 夏 秋 冬 NT

写真は冬羽で体の上面は灰褐色で下面は白い。夏羽は上面が赤褐色で下面の腹部には大きな黒斑が入る。嘴がやや下へ湾曲する。主に海岸に飛来するが内陸の湖沼などにも渡ってくる。 12月13日 川越市

トウネン　シギ科

15 cm　春 夏 秋 冬

シベリアなどで繁殖し、春と秋の渡りの時期に日本にも立ち寄る。干潟や湿地、水田などで見られる。シギ科の中では小型。冬羽は灰褐色。夏羽は背が赤褐色で軸斑が黒い。

10月21日　茨城県

オジロトウネン　シギ科

15 cm　春 夏 秋 冬

旅鳥として主に秋に飛来する。湿地や水田、湖沼などで見られる。トウネンに似るが脚が黒いトウネンに対し、黄色っぽいのが特徴。体上面は灰褐色で赤褐色や黒褐色斑がある。

10月5日　川越市

ヨーロッパトウネン　シギ科

14 cm　春 夏 秋 冬

旅鳥または冬鳥として少数が飛来する。湿地や水田、干潟や川などで見られる。トウネンに似るが本種のほうがわずかに小さい。幼鳥の背には白いV字模様が入る。

10月4日　川越市

アカエリヒレアシシギ　シギ科

19 cm　春 夏 秋 冬

ユーラシア大陸などで繁殖し、南へ渡る途中に立ち寄る旅鳥。海岸や河川、池沼などで見られる。夏羽は名前の通り頸部が赤色を帯びる。水面をくるくる回りながら餌を食べる。

9月21日　川越市

イソシギ シギ科

20 cm 春 夏 秋 冬 NT

上面が灰褐色で下面は白く、胸部側面に白い部分が切れ込んでいる。飛ぶと翼の白帯が目立つ。漢字で磯鴫と書くが磯よりもむしろ河川や湖沼などでよく見られる。

1月29日 三郷市

タシギ シギ科

27 cm 春 夏 秋 冬

名前のとおり田んぼでよく見られるシギ。腹部の羽毛は白いが頭部から胸部、背面は褐色に黒と白の斑が入り冬の枯れ草の中では保護色となって見つけづらい。

3月4日 北本市

ヤマシギ シギ科

35 cm 春 夏 秋 冬 NT 夜

タシギよりも一回り大きく、黒や赤褐色、灰白色などの斑紋が複雑に混じる。湿った薄暗い環境を好む。厳冬期でも湧水周辺は凍らないため、集まることがある。

2月 北本市（撮影：荒木三郎氏）

コアジサシ カモメ科

28 cm 春 夏 秋 冬 VU EN

頭と過眼線が黒くその他の上面は青灰色、下面は白色。嘴は先端が黒く他は黄色。夏鳥として飛来し、河原などで集団で繁殖する。水にダイビングして魚を獲らえる。

6月24日 川越市

セグロカモメ カモメ科

`61 cm` 春 夏 秋 冬

セグロというものの背は明るい灰色をした大型のカモメの一種。黄色の嘴の先に赤斑があり、脚は薄いピンク色。よく似た種にオオセグロカモメがいるが背の色がもっと濃くなる。　2月5日　さいたま市

ウミネコ カモメ科

`47 cm` 春 夏 秋 冬

鳴き声が「ミャーミャー」とネコに似て沿岸部に多いことからウミネコ。嘴は黄色で先端部に黒と赤の斑が入るのが他のカモメ類との見分けのポイント。足は黄色で虹彩が赤い。
　　　　　10月12日　志木市

ユリカモメ カモメ科

`40 cm` 春 夏 秋 冬

足と嘴が赤く他のカモメ類より一回り小さい。海辺に多いが大きな河川では内陸のほうまで遡る。日本には冬鳥として飛来する。古来より都鳥（みやこどり）と呼ばれてきた。
　　　　　11月27日　春日部市

トビ タカ科

`59〜69 cm` 春 夏 秋 冬

写真でわかるように尾羽が三味線のバチのような形になっているのが特徴。主に死体を食べ、自ら狩りを行うことは稀。県内でも都市部から山間部まで広く見られる。
　　　　　　3月5日　入間市

サシバ タカ科

47〜51cm 春 夏 秋 冬 VU EN

日本には夏鳥として飛来し、低山帯の山林で繁殖する。カエルやヘビなどの小動物を獲るために里山の農耕地などに現れることが多い。国の絶滅危惧Ⅱ類。

4月 北本市 （撮影：荒木三郎氏）

ツミ タカ科

27〜30cm 春 夏 秋 冬 NT

漢字では「雀鷹」と書く、ヒヨドリほどの大きさの小さなタカ。顔が黒くオスは胸から脇にかけて橙色を帯びる。人家近くで営巣することがあり、カラスなどに激しい威嚇を行う。

7月22日 久喜市

オオタカ タカ科

50〜56cm 春 夏 秋 冬 NT VU

飛んでいると長めの尾に4本の黒色帯が目立つ。幼鳥は全体に茶褐色。成鳥は背面が黒っぽく下面は白く横斑が入る。成鳥は白い眉斑と黒い眼帯が特徴。

12月30日 さいたま市

ノスリ タカ科

52〜57cm 春 夏 秋 冬 NT

飛翔の姿は幅広の翼に短めの尾羽が特徴。そして下から見ると翼に黒い斑が目立つ。とまった姿は背面が褐色で前面の色合いは淡い。黒い目が猛禽類にしてはやさしく見える。

12月30日 さいたま市

チュウヒ　タカ科

48～58cm　春　夏　秋　冬　EN　EN

県内には冬鳥としてヨシ原などがある河川敷や池沼、湿地などに飛来する。全体に褐色を基調とした色彩で濃淡や黒、白などの斑が混じるが個体差が大きい。ヨシ原の上を低くゆっくり飛び回りながらネズミなどを捕える。滑空時に羽がV字型になるのも特徴。

12月30日　さいたま市

ミサゴ　ミサゴ科

55～63cm　春　夏　秋　冬　NT

タカ科に属する猛禽類の一種。腹部と頭の一部、翼の下面は白いが翼の上面は黒褐色。魚を主食としているため、海岸や湖沼、広い河川などで見られる。水面上を飛翔しながら魚を探し、見つけるとホバリング体勢から狙いをさだめ水面に急降下して掴み取る。

8月30日　川越市

フクロウ（幼鳥）　フクロウ科

50cm　春　夏　秋　冬　NT　夜

誰もが知る鳥だが夜行性のためなかなか姿を見ることができない。翼長は1mほどもある。平地から山地まで森林に生息し、小型のほ乳類や小鳥、昆虫などを食べる。「ゴロスケ奉公」と聞きなしされる複雑な節回しで鳴く。「ホーホー」と鳴くのはアオバズクで別種。

6月3日　さいたま市

コミミズク　フクロウ科
38cm　春 夏 秋 冬　VU 夜

県内には冬鳥として河原や水田などに飛来する。夜行性でネズミなどを捕えて食すが、日中や夕方に活動することも多いために飛来が確認されると多くのバーダーが撮影や観察に集まる。丸い顔はなんとも愛嬌がありかわいらしい。飛ぶと随分と大きく見える。

1月17日　さいたま市（円内：2月8日　吉見町）

トラフズク　フクロウ科
38cm　春 夏 秋 冬　EN 夜

全身褐色で濃褐色斑があり、羽角が長い。雪の多い地方の個体は冬に南に移動するため県内でも見られることがある。　　7月6日　加須市

カワセミ　カワセミ科
17cm　春 夏 秋 冬

「水辺の宝石」とも「空飛ぶ宝石」とも言われるコバルトブルーの背とオレンジ色の下面をした美しい鳥。　　　　　　12月　日高市

アリスイ キツツキ科
17 cm 春 夏 秋 冬 NT

灰褐色、褐色、黒が複雑な模様を織りなしているが冬の枯れ藪では保護色となって見つけづらい。長い舌でアリを食す。　2月8日　北本市

アオゲラ キツツキ科
29 cm 春 夏 秋 冬

背が鶯色で頬と後頭部が赤色をしている。キツツキの仲間では大きいほう。「キョッキョッ」または「ケレケレ」と鳴く。　6月10日　入間市

アカゲラ キツツキ科
24 cm 春 夏 秋 冬

オスは後頭部が赤いがメスは黒い。雄雌とも下腹部は赤い。胸や腹は白く翼は黒いが先端には白斑が入る。　2月9日　さいたま市

コゲラ キツツキ科
15 cm 春 夏 秋 冬

日本のキツツキの仲間では最小。低地から亜高山帯まで生息。市街地でも見られる。　12月17日　狭山市

37

ハヤブサ　ハヤブサ科

42〜49cm　春　夏　秋　冬　 VU VU

海岸や山地の絶壁に巣を作るが、都会のビルに現れることもある。翼の先が尖り、飛翔速度が速く急降下のときには時速200kmを越えると言われる。目の下の髭状の黒斑も特徴。円内は捕えたハトを食べているところ。昼頃に食べてから飛び立つまで5時間以上鉄塔の上で休んでいた。

2月19日　さいたま市

チョウゲンボウ　ハヤブサ科

33〜38cm　春　夏　秋　冬　NT

小型のハヤブサの仲間。オスの羽根は青灰色でメスは赤みがかった茶色で識別可能。元来は崖に営巣するが、近年は橋脚など人工物に営巣する個体が多い。農耕地や河原などでホバリングをして獲物を探し、急降下して捕える。写真はネズミを捕まえて飛び立った瞬間。

12月13日　吉見町

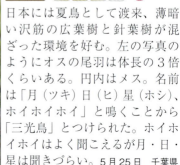

サンコウチョウ　カササギヒタキ科

♂45cm ♀17cm　春　夏　秋　冬　VU

日本には夏鳥として渡来、薄暗い沢筋の広葉樹と針葉樹が混ざった環境を好む。左の写真のようにオスの尾羽は体長の3倍くらいある。円内はメス。名前は「月（ツキ）日（ヒ）星（ホシ）、ホイホイホイ」と鳴くことから「三光鳥」とつけられた。ホイホイホイはよく聞こえるが月・日・星は聞きづらい。5月25日　千葉県

モズ モズ科

20 cm　春 夏 秋 冬

オスは嘴から目を通る過眼線が黒くメスは茶色。農耕地や林縁、河畔林などで見ることが多い。昆虫、両生類などを食べる。

2月3日　坂戸市

ミヤマガラス カラス科

47 cm　春 夏 秋 冬

日本には冬場に越冬のためにやってくる。農耕地などで大きな群れが見られる。嘴が細く成鳥は嘴の基部が白く見える。

1月23日　加須市

ハシブトガラス カラス科

56 cm　春 夏 秋 冬

嘴が太くおでこが出っ張っているのが特徴で、都市部に多い。「カーカー」と鳴く。留鳥で都市部から山地まで広く生息する。

2月12日　三郷市

ハシボソガラス カラス科

50 cm　春 夏 秋 冬

前種に似るが嘴が細く額が出っ張らないのが本種で「ガーガー」と鳴く。都市部よりも農耕地など開けた環境に見られる。

6月5日　さいたま市

オナガ カラス科

36 cm　春 夏 秋 冬

市街地から低山地の比較的明るい森林に生息する。県内ではごく普通に生息しているが、西日本には生息していない。

3月7日　吉見町

カケス　カラス科
`33cm`　春 夏 秋 冬

平地や山地の森林に生息。昆虫や果実、種子などを食べる雑食性で冬に備えドングリを地面に隠す習性がある。写真のように見かけはとても美しいが鳴き声は「ジャージャー」と騒々しい。　2月8日　北本市

キクイタダキ　キクイタダキ科
`10cm`　春 夏 秋 冬

日本で一番小さな鳥。頭に黄色の模様があり、とてもかわいらしい。名前はその頭頂部の黄色が「菊を頂く」ということを表す。亜高山帯の針葉樹林に生息するが冬は平地に降りてくる。　2月11日　栃木県

コガラ　シジュウカラ科
`12cm`　春 夏 秋 冬

背面は灰褐色でお腹は白に近い淡い褐色。頭は目から上が黒くベレー帽を被っているような感じ。山地から亜高山帯の森林内に生息する。冬期も平地に降りない。

10月9日　秩父市

ヤマガラ　シジュウカラ科
`14cm`　春 夏 秋 冬

和名から想像すると山に生息する鳥と思われがちだが、山地から平地にかけて生息している。シジュウカラの仲間としては胸からお腹がオレンジ色なので一目でわかる。

2月26日　北本市

ヒガラ　シジュウカラ科

`11 cm`　春 夏 秋 冬

山地の針葉樹林内に生息するが、冬は低地でも見られる。シジュウカラに似るが胸の黒い部分が短い。カラ類の中では最小。　　5月25日　秩父市

シジュウカラ　シジュウカラ科

`15 cm`　春 夏 秋 冬

ヒガラに似るが首からお腹にかけてネクタイのように黒い模様が入るのが特徴。平地から山地に生息し、市街地でも見られる。　　3月4日　北本市

ヒバリ　ヒバリ科

`17 cm`　春 夏 秋 冬

草原や河原、農耕地などに生息する。春になると上空に高く飛びあがり、空中でさえずり続けているのを見ることがある。　　6月12日　吉見町

ツバメ　ツバメ科

`17 cm`　春 夏 秋 冬

民家の軒先などに巣を作ることで知られた鳥で最近は道の駅などでも見かける。背は黒く、腹は白い。のどと額が赤いのが特徴。　　5月8日　横瀬町

イワツバメ　ツバメ科

`14 cm`　春 夏 秋 冬

平地から山地に生息。ツバメと異なり尾羽が割れていない。崖やコンクリート壁に集団で営巣し、人家の軒先に営巣することはない。　4月24日　秩父市

ヒヨドリ ヒヨドリ科

27 cm　春 夏 秋 冬

全体に灰色をしているが頬に褐色の部分がある。都市部でも公園や庭木などに訪れるのをごく普通に見かけるお馴染みの鳥。「ピーヨ、ピーヨ」と甲高い声で鳴く。

2月9日　さいたま市

ウグイス ウグイス科

♂ 16 cm ♀ 14 cm　春 夏 秋 冬

「ホーホケキョ」という鳴き声は耳にするが、薮の中にいて姿は見つけづらい。体はくすんだオリーブ色で、いわゆるウグイス色をしているのはメジロである。

3月4日　北本市

エナガ エナガ科

14 cm　春 夏 秋 冬

平地から山地の林に生息する。尾が長く白い体に黒とワインレッドが混じるかわいらしい鳥だ。木から木へとせわしなく群れで移動していくのをよく見かける。

10月9日　秩父市

モリムシクイ ムシクイ科

12 cm　春 夏 秋 冬

主にヨーロッパに生息する鳥で、稀な迷鳥として県内に飛来した記録がある。上面は黄緑色で下面は白。喉から胸、それに眉斑は鮮黄色で美しい。雌雄同色。

11月3日　幸手市

メジロ　メジロ科
`12cm` 春 夏 秋 冬

低地から山地に広く生息。目の周りが白いからメジロ。花の蜜を好む。複雑な節回しでさえずり、古くは鳴き合わせも行われた。　　12月29日　さいたま市

セッカ　セッカ科
`12cm` 春 夏 秋 冬

ススキなどが生える草原や河原などに生息する。上面は黄褐色に黒褐色の縦斑、下面は淡い黄褐色で尾羽の先が白いのが特徴。　6月15日　北本市

オオヨシキリ　ヨシキリ科
`18cm` 春 夏 秋 冬

日本へは夏鳥として飛来する。ヨシ原などでよく騒々しいほど大きな声で「ギョギョシ、ギョギョシ」とさえずっている。　　6月5日　さいたま市

ゴジュウカラ　ゴジュウカラ科
`13cm` 春 夏 秋 冬

県内では山地に生息。頭を下にして木の幹を回りながら降りることができる。早春に大きな声でさえずる。冬は平地で見ることがある。　10月29日　秩父市

キバシリ　キバシリ科
`14cm` 春 夏 秋 冬

低山から亜高山帯の針葉樹林内に生息。細長く下に湾曲した嘴が特徴。上面は褐色に白斑が入り樹皮に似るので見つけづらい。　4月16日　秩父市

ヒレンジャク　レンジャク科　　　　キレンジャク　レンジャク科

17cm　春 夏 秋 冬　　　　19cm　春 夏 秋 冬

尾の先が赤いのがヒレンジャクで黄色いのがキレンジャク。ユーラシア大陸などから冬鳥として日本に渡ってくるが、キレンジャクは東日本に、ヒレンジャクは西日本に多い傾向がある。県内ではときに両種が同じ場所で見られることがあるが、飛来数などは不規則。ヤドリギの実を特に好む。ヤドリギの種子は消化されず、レンジャク類の粘着質の糞に混ざり分布を拡散する。

左：3月12日　さいたま市（右上：2月27日　さいたま市　右下：2月26日　北本市）

ミソサザイ　ミソサザイ科

`11cm` 春 夏 秋 冬

キクイタダキと並んで日本でも最小クラスの鳥。全身焦茶色の地味な鳥だが、小さな尾を立てて囀る姿はかわいらしい。　　　4月2日　小鹿野町

ムクドリ　ムクドリ科

`24cm` 春 夏 秋 冬

ヒヨドリとともに市街地でも見られるお馴染みの鳥。足と嘴が橙色。大きな群れを作って糞害や騒音被害を起こすことがある。　　　4月6日　入間市

カワガラス　カワガラス科

`22cm` 春 夏 秋 冬

全身濃い茶色をしたヒヨドリほどの大きさの鳥で川の中流から上流にかけて生息している。水に潜って水生昆虫などを食べる。　　12月4日　秩父市

ツグミ　ヒタキ科

`24cm` 春 夏 秋 冬

日本では冬鳥の代表的存在。夏にシベリアなどで繁殖し、秋から初冬にかけて群れでやって来る。平地から山地まで見られる。　　3月4日　北本市

アカハラ　ヒタキ科

`24cm` 春 夏 秋 冬

名前のように腹部は赤いが楔のように白い部分が広がる。夏は山地で繁殖するが冬になると平地の公園などでも出会うことがある。　5月14日　秩父市

シロハラ ヒタキ科

24cm 春 夏 秋 冬

アカハラに対してシロハラなのだろうが白っぽい腹部とはいえ純白ではない。県内では平地でも冬に地上の落ち葉をガサガサさせながら餌をあさっている姿がよく見られる。

4月6日 所沢市

ルリビタキ ヒタキ科

14cm 春 夏 秋 冬

本州では夏に亜高山で繁殖するが、冬になると低地に降りてくるので、都市部の公園でも見られる。オスは頭部、上面が美しい青色だが、メスは緑褐色。

3月4日 北本市(円内:6月5日 秩父市)

ジョウビタキ ヒタキ科

15cm 春 夏 秋 冬

日本には冬鳥としてやってくる。写真はオスで黒い翼にある白い模様がよく目立つ。銀髪のような頭はまるで紳士。腹部の橙色も美しい。メスは褐色なのでオスほど目立たない。

2月26日 北本市

ノビタキ ヒタキ科

13cm 春 夏 秋 冬

高原に生息する夏鳥で冬は南方に渡り、その渡りの時期には平地でも見られる。冬羽は雌雄とも全身が橙褐色みを帯びるが、夏羽のオス（円内）は頭から背にかけて真っ黒になる。

10月9日 秩父市

キビタキ ヒタキ科

14 cm 春 夏 秋 冬

写真のようにオスは頭部から背にかけて黒く、翼には白い斑があり、腹部と眉斑が黄色の美しい鳥。メスは褐色。日本には夏鳥として山地の雑木林などにやって来るが、渡りの途中には市街地の森が広がる公園などでも見られることがある。「ピッコピッコロ、ピッココロ」と美しい声で鳴く。

4月14日　群馬県

オオルリ ヒタキ科

16 cm 春 夏 秋 冬

オスは頭から背にかけて美しい瑠璃色で、腹は白、のどが黒い。メスは褐色が主体で地味。「ピリーリー、ポィヒリー、ピールリ、ジィ、ジィ」と美しい声でさえずり、ウグイスやコマドリとともに日本の三鳴鳥の一つ。日本へは夏鳥として低山帯から亜高山帯に渡ってくる。

5月13日　秩父市

カヤクグリ イワヒバリ科

18 cm 春 夏 秋 冬

本来は高山帯のハイマツ林や岩場などに生息する鳥だが、冬は標高の低いところへ移動し、林や潅木林、薮などに1羽から数羽で行動する。スズメほどの大きさで、全体が褐色の地味な鳥。背は赤みを、お腹は灰色を帯びる。食性は雑食で夏は昆虫、冬は種子を主に食べる。

2月15日　東京都

スズメ スズメ科
14.5 cm 春 夏 秋 冬

ユーラシア大陸に広く分布。人里では普通だが人里から離れると生息しない。写真でわかるように頬に黒斑があるのが特徴。秋から冬にかけて若鳥だけで群れて生活する。

2月26日　北本市

ニュウナイスズメ スズメ科
14 cm 春 夏 秋 冬 VU

スズメに似るがスズメの特徴である頬の黒斑がない。スズメよりも少なくめずらしい。主に山地に生息するが、暖地で越冬するので平地で見られることもある。

3月25日　鴻巣市

キセキレイ セキレイ科
20 cm 春 夏 秋 冬

背面が灰色、喉が黒、そして下面が黄色のセキレイの仲間。低地から低山帯に多いが、冬季には市街地の水辺でも見られることがある。セグロセキレイよりも上流部に多い。

5月25日　秩父市

ハクセキレイ セキレイ科
21 cm 春 夏 秋 冬

セグロセキレイに似るが、顔が白く黒い過眼線が入るのが特徴。河川の下流域に多いが市街地で急増している。都市部で集団ねぐらを形成することがある。

6月10日　入間市

セグロセキレイ　セキレイ科

`21 cm` 春 夏 秋 冬

ハクセキレイに似るが、顔が黒く白い眉斑が目立つ。水辺があれば市街地でも見られるが河川の中流域に多い。雌雄同色だが、メスのほうが背の黒が灰色がかる。日本固有種。

8月10日　川越市

タヒバリ　セキレイ科

`16cm` 春 夏 秋 冬

ヒバリに外見が似るがセキレイの仲間で、尾を上下に振る。ビンズイと酷似する。ユーラシア大陸で繁殖し、日本へは冬鳥として飛来する。河原などで見られる。

11月27日　春日部市

ビンズイ　セキレイ科

`16cm` 春 夏 秋 冬

亜高山帯に生息する鳥だが冬季には平地のマツ林などに降りて来る。頭から背中は緑褐色で、胸から脇は黒い縦斑がある。雌雄同色。食性は雑食性で昆虫や種子などを食べる。

3月7日　滑川町

カワラヒワ　アトリ科

`14 cm` 春 夏 秋 冬

体は全体的に黄褐色で翼の黄色の部分が目立つ。嘴はピンクで太め。低地や低山の針葉樹林帯で繁殖するが、繁殖期以外は人家周辺や農耕地、河原などでも見られる。

3月5日　入間市

49

マヒワ アトリ科

12 cm 春 夏 秋 冬

日本では北海道で繁殖の例があるが、主にユーラシア大陸から冬に渡って来る。スギの花粉を好んで食べ、針葉樹林帯で群れでいるのをよく見る。オスのほうが黄色みが強い。

4月2日 秩父市

アトリ アトリ科

16 cm 春 夏 秋 冬

日本へは冬鳥としてシベリア方面から渡って来る。全体に褐色だが黒や白、橙色などが混じる複雑な模様がある。渡りの前後には数千羽から数万羽の大群を作ることがある。

2月9日 さいたま市

ベニマシコ アトリ科

15 cm 春 夏 秋 冬

県内へは冬鳥として渡来。河原や林縁、草原などで見られ、ヨモギやセイタカアワダチソウの種子を好む。写真はオスで名前のとおり紅色が美しい。メスは赤みがほとんどなく淡褐色。

2月3日 坂戸市

ウソ アトリ科

16 cm 春 夏 秋 冬

和名は鳴き声が口笛に似ており口笛を古語で嘯（ウソ）と言ったことに由来。サクラの花芽を食べるので嫌われる。大宰府天満宮の鷽替え神事はこの鳥にちなむ。

2月2日 千葉県

オオマシコ アトリ科
17cm 春 夏 秋 冬

シベリアで繁殖し、冬鳥として日本に飛来するが数は多くない。ベニマシコに似るがベニマシコは尾の両側が白いのに対し、本種は尾の両側が白くない。写真のようにオスは頭部、背、胸から腹が鮮やかな紅色でとても美しい。メスは全身が褐色で紅色みを帯びる。

12月28日　横瀬町

シメ アトリ科
19cm 春 夏 秋 冬

冬鳥として飛来する。濃淡とりどりの褐色にグレーや青、黒、白などが混じる。春になると嘴が金属的な輝きを帯びた鉛色に変わる。堅い種子などを噛み割って食べる。

2月9日　さいたま市

コイカル アトリ科
19cm 春 夏 秋 冬

日本へは旅鳥または冬鳥として少数が飛来する。写真は左がオスで右がメス。メスはオスのように頭部が黒くない。オスはイカルに似るが頭部と翼の模様が異なる。

2月22日　川越市

イカル　アトリ科

23cm 春 夏 秋 冬

低山に生息するが冬には平地でも見られる。嘴ががっしりと大きく、黄色いので目立つ。繁殖期の5月ごろには高い声で「キヨコキヨコキー」と鳴く。種子の食べ方から別名ママワシ。　2月5日　さいたま市

ミヤマホオジロ　ホオジロ科

16cm 春 夏 秋 冬 NT

県内には冬季に飛来するが数は多くない。オスの喉と眉斑は鮮やかなレモンイエローで美しくバードウォッチャーに人気が高い。メスは喉や眉斑が黄褐色で地味。
2月5日　さいたま市

ホオジロ　ホオジロ科

16cm 春 夏 秋 冬

平地から丘陵地の農耕地や草原、荒地などに通年生息する。過眼線などの黒い部分が目立つが、名前の通り頬は白い。なおメスの過眼線は褐色をしている。

3月4日　北本市

カシラダカ　ホオジロ科

15cm 春 夏 秋 冬

日本にはカムチャッカ半島などから冬鳥として渡来。平地から山地の明るい林や農耕地、草地などに生息する。群れになっていることが多い。頭部に冠羽があることから「頭高」という。　3月11日　入間市

クロジ ホオジロ科

`17 cm` 春 夏 秋 冬

本州中部以北の山地に生息するが冬には平地に降りて来る。黒っぽい地味な鳥で森の林床で単独でいることが多く見つけづらい。　2月5日　さいたま市

アオジ ホオジロ科

`16 cm` 春 夏 秋 冬 NT

夏は山地で繁殖するが冬季は平地でも見られる。枯草が藪状になっている場所を好む。オスの頭部は緑がかった暗灰色になる。　3月4日　北本市

オオジュリン ホオジロ科

`16 cm` 春 夏 秋 冬

河川や湖沼周辺のヨシ原などに生息する。オスの夏羽は頭や喉が黒くなるが、県内では冬鳥なので写真のように地味。

2月5日　さいたま市

ソウシチョウ チメドリ科

`15 cm` 春 夏 秋 冬 特外

中国南部などを原産地とする外来種。飼育目的のものが野生化したとされる。茨城県筑波山では大規模な繁殖が確認されている。　4月12日　茨城県

ガビチョウ チメドリ科

`24 cm` 春 夏 秋 冬 特外

全体的に茶褐色だが目の周りが白く特徴的。本来中国南部から東南アジアに生息する外来種で特定外来生物に指定されている。　7月30日　入間市

イワナ サケ科

30〜60cm　春 夏 秋 冬　NT

山間部の源流に近い河川上流部に生息し、水生昆虫などを食べる。背から側面に多数の白斑が散る。レッドデータの情報不足種。　4月2日　小鹿野町

ヤマメ サケ科

30cm　春 夏 秋 冬　NT NT

河川上流域に生息。体の側面の小判状の斑模様（パーマーク）が特徴。放流されたものが多く、天然の純系は国の準絶滅危惧種。　4月24日　小鹿野町

アユ アユ科

15〜30cm　春 夏 秋 冬

岩についた藻類を餌にする。秋に河川の下流で生まれた稚魚は海に出て春に河川へ戻って来る。県内にも少数が遡上している。　10月23日　水族館

コイ コイ科

0.7〜1m　春 夏 秋 冬　外

主に止水域に生息。昔から馴染み深い魚であるが、近年の研究で古い時代に大陸より移入された種であることがわかってきた。　10月8日　飯能市

ニゴイ コイ科

60cm　春 夏 秋 冬

コイと名がつくが体形はかなり異なり細長くて体高が低い。汽水域から川の中流あたりまでの水底近くで水生昆虫や藻類を食べる。　7月1日　利根川（久喜市）

ハクレン コイ科　　　　　　上：7月6日　下：7月17日　利根川（久喜市栗橋付近）

中国原産の外来魚。体色は銀白色で鱗が細かく、目が顔の下の方にあり受け口なのが特徴。成魚の体長は1mを越える。卵に粘着性がなく、2日以上流れ下って孵化するため大河でないと繁殖できない。国内では利根川水系のみで自然繁殖しており、毎年6月から7月頃に久喜市の旧栗橋町付近に産卵に訪れる。産卵直前には数百匹が集団でジャンプすることがある。写真は数十匹が一斉にジャンプしたところだが、地震のときには千匹以上の集団ジャンプが見られたという。

ギンブナ コイ科
`15〜30cm` 春 夏 秋 冬

マブナとも呼ばれ、日本全国の池沼や河川などに生息する。ほとんどがメスで、別種の魚のオスの刺激で繁殖ができる。

10月23日　水族館

オイカワ コイ科
`10〜15cm` 春 夏 秋 冬

本来は四国を除く利根川以西に生息。アユの放流に混ざり分布が拡大した。オスの婚姻色は、カラフルで美しい。

7月2日　羽生市

アブラハヤ コイ科
`6〜15cm` 春 夏 秋 冬

河川の上流域から中流域に生息する淡水魚。全長15cmほどになる。体色は全体に黄褐色で、体側に黒い縦帯がある。

10月23日　水族館

ウグイ コイ科
`20〜50cm` 春 夏 秋 冬

雑食性で河川の上流から下流まで生息。体色は銀白色だが婚姻色が現れると朱赤色と黒色になる。地方名はハヤ。

10月23日　水族館

モツゴ コイ科
`8〜11cm` 春 夏 秋 冬

河川の下流域や用水路、ため池などに生息。銀白色の体色に1本の黒い縦条が側線に沿って入る。地方名クチボソ。

10月23日　水族館

ミヤコタナゴ コイ科

名前の「ミヤコ」は明治時代に東京の小石川にある現東京大学付属植物園の池から発見されたことによる。関東地方の一部に生息し県内でも滑川町などごく一部に生息するが絶滅の危機に瀕している。オスの婚姻色はタナゴ類の中でも特に美しく朱、紫、黒、白などの色に彩られる。国の天然記念物及び絶滅危惧ⅠA類に指定されている。

10月23日　水族館

ヤリタナゴ コイ科

流れが緩やかな河川や池沼などに生息。マツカサガイの体内に産卵する。さらにマツカサガイ幼生はホトケドジョウに寄生するという関係性がある。

10月23日　水族館

タイリクバラタナゴ コイ科

中国からソウギョなどの養殖魚とともに入ってきた外来魚。河川の止水域や池沼に生息。名前はバラ色の婚姻色から。在来種のニッポンバラタナゴと近縁。

10月23日　水族館

ムサシトミヨ　トゲウオ科

9月18日　熊谷市（左下：水族館）

トゲウオ科の小さな魚で背びれに8〜9本、腹びれと尻びれに1本ずつとがったトゲ（棘状＝きょくじょう）があるのが特徴。かつては東京、埼玉各地のきれいな冷たい湧水に生息していた。しかし現在は熊谷市の元荒川源流が日本唯一の生息地であり、その環境の脆弱性から絶滅が心配される貴重種。県の天然記念物で「埼玉県の魚」にもなっている。環境省の絶滅危惧ⅠA類に指定。「ムサシトミヨを守る会」もあってその保護活動とともに増殖に力を入れている。

ナマズ　ナマズ科

30～60cm　春　夏　秋　冬　NT　夜

緩やかな河川や湖沼に生息。夜行性。貪欲な肉食性。以前は産卵のため田んぼに遡上したが、圃場整備が進み見られなくなった。　10月23日　水族館

ミナミメダカ　メダカ科

3.5cm　春　夏　秋　冬　VU　VU

小川や水路などにごく普通に生息していたが、近年激減し国の絶滅危惧Ⅱ類に指定されている。写真は雌で卵が見える。　3月25日　北本市

ドジョウ　ドジョウ科

10～20cm　春　夏　秋　冬　NT

水田や用水など泥っぽい場所に生息。口ひげは上顎に3対、下顎に2対の計10本がある。雑食性で水底にいることが多い。　7月10日　北本市

ホトケドジョウ　ドジョウ科

6cm　春　夏　秋　冬　EN　EN

前種のドジョウに比べると太短い体形。日本の特産種で湧き水の流れるような小川や水田などで見られる。国の絶滅危惧ⅠB類。　3月11日　入間市

シマドジョウ　ドジョウ科

6cm　春　夏　秋　冬　NT

河川の中流域の砂底に生息するドジョウで体側に楕円状の暗褐色斑が並ぶ。近年数多くの種に分類された。

7月10日　川越市

ボラ　ボラ科
5〜80cm　春 夏 秋 冬

河口や内湾などの汽水域を好む海水魚だが、河川を遡上することがある。円内は利根川の栗橋付近で撮影。

10月12日　志木市（7月1日　利根川）

カジカ　カジカ科
6〜12cm　春 夏 秋 冬　NT　NT

日本の固有種で体色は淡褐色から暗褐色だが地域変異が大きい。きれいな水を好み石礫の川底で水生昆虫などを食べている。

4月10日　秩父市

スナヤツメ　ヤツメウナギ科
10〜15cm　春 夏 秋 冬　VU　EN

鰓孔が8個目のように並ぶことからヤツメの名がつく。幼生はアンモシーテスといい目は皮下に埋もれ、泥中で過ごす。

3月25日　千葉県

オオクチバス　サンフィッシュ科
30〜50cm　春 夏 秋 冬　特外

一般にブラックバスと呼ばれる北アメリカ原産の外来魚。湖、沼、流れの緩い河川などで繁殖。特定外来生物に指定。

10月23日　水族館

ブルーギル　サンフィッシュ科
20〜25cm　春 夏 秋 冬　特外

北アメリカ原産の外来魚で特定外来生物に指定。湖や池に放されたものが増殖している。雑食性で小魚や魚卵などを食べる。

10月23日　水族館

マルタニシ　タニシ科

`6cm` `春` `夏` `秋` `冬` `VU` `NT`

水田や池沼などで見られるタニシで全体的に丸みがある。国の準絶滅危惧種。　　　6月15日　北本市

カワニナ　カワニナ科

`1〜3cm` `春` `夏` `秋` `冬`

淡水性の巻貝でゲンジボタルやヘイケボタルの幼虫の餌として知られる。　　　　　7月24日　寄居町

モノアラガイ　モノアラガイ科

`2.5cm` `春` `夏` `秋` `冬` `NT` `NT`

池や水田などに生息。殻は半透明で黒い斑紋は中が透けている。国の準絶滅危惧種。　7月22日　久喜市

サカマキガイ　サカマキガイ科

`1cm` `春` `夏` `秋` `冬` `外`

北アメリカ原産の外来種。モノアラガイが右巻きなのに対し本種は左巻き。　　　　8月3日　秩父市

ミスジマイマイ　オナジマイマイ科

`1〜3cm` `春` `夏` `秋` `冬`

殻に普通3本の筋が入ることから名付けられた。関東地方では一般的なカタツムリ。　5月7日　入間市

ヒダリマキマイマイ　オナジマイマイ科

`5cm` `春` `夏` `秋` `冬`

殻の巻き方が中心から時計と反対回りに巻くことからヒダリマキの名になっている。　5月7日　入間市

61

ナメクジ　ナメクジ科
`4〜7cm` 春 夏 秋 冬

日本で最も普通のナメクジで体の両側に1本ずつの黒い筋があるのが特徴。　6月19日　入間市

オカダンゴムシ　オカダンゴムシ科
`1.3cm` 春 夏 秋 冬 外

落葉の下などでよく見られ、触ると丸まってしまうのが特徴。外国から入った種。　6月19日　入間市

ワラジムシ　ワラジムシ科
`1.2cm` 春 夏 秋 冬 外

オカダンゴムシに似るが扁平で前後が狭まる。またダンゴムシのように丸まらない。　7月25日　神奈川県

テナガエビ　テナガエビ科
`5〜10cm` 春 夏 秋 冬

名前のとおりオスの鋏脚が長い。淡水域や汽水域に生息する。体色は緑褐色や灰褐色。　8月29日　千葉県

スジエビ　テナガエビ科
`5cm` 春 夏 秋 冬

河川や湖沼など淡水に生息するエビの仲間。透明な体に濃褐色の筋がある。　7月10日　水族館

ホウネンエビ　ホウネンエビ科
`2cm` 春 夏 秋 冬

水田に水が張られた直後の一時だけ見られる。仰向けに泳ぐ。名前は「豊年エビ」。　6月15日　北本市

アメリカザリガニ　アメリカザリガニ科

10 cm　春　夏　秋　冬　外

北アメリカ原産の要注意外来生物で日本各地の用水路や池、水田などで見られる。雑食性で水草や藻類から小魚、水生昆虫などを食べる。真っ赤な体色からマッカチンという別名がある。　10月1日　長瀞町

サワガニ　サワガニ科

2.5 cm　春　夏　秋　冬

一生を淡水で過ごす純淡水性のカニで日中は渓流などの石の下に潜んでいる。写真は黒褐色の体に赤い脚だが、青白い体色のものもいる。食性は雑食性で藻類や水生昆虫などを食べる。　5月14日　秩父市

アメリカカブトエビ　カブトエビ科

2～4 cm　春　夏　秋　冬　外

主に水田で見られ、田植えのために水が張られた後の6～7月頃だけ見られる。「生きた化石」といわれ古代の形態を残している。県内で見られるのは主に本種だがアジアカブトエビもいる。　6月18日　久喜市

ナミウズムシ（プラナリア）　サンカクアタマウズムシ科

2～2.5 m　春　夏　秋　冬

水質のいい河川に生息し、水中の石の裏などに吸着している。再生能力が極めて高く、切断すると別の個体となって増殖することで知られる。水槽内で大発生することがある。
6月25日　小鹿野町

63

ウマビル　ヒルド科
`10〜15cm` 春 夏 秋 冬

オリーブ色の背の真ん中に5本の淡褐色の筋が入ったヒル。血は吸わない。　　6月12日　吉見町

ハリガネムシ　ハリガネムシ目
`8〜10cm` 春 夏 秋 冬

ハリガネムシ目の総称で、カマキリに寄生するものが一般的。成虫は水中で産卵。　　8月30日　北本市

アオズムカデ　オオムカデ科
`8〜11cm` 春 夏 秋 冬 夜

トビズムカデの亜種だが、頭部は背面と同じ暗青色。毒性が強く危険。　　2月25日　群馬県

アカケダニ　ナミケダニ科
`0.3cm` 春 夏 秋 冬

真っ赤な体が特徴のダニ。成虫は吸血することなく、小型のダニなどを捕食する。　　6月22日　秩父市

モエギザトウムシ　マザトウムシ科
`0.3〜0.4cm` 春 夏 秋 冬

淡褐色の体色の頭胸部に1対の黒い目が目立つ。細い足は異様に長い。　　9月7日　入間市

オオナミザトウムシ　マザトウムシ科
`0.6〜1.2cm` 春 夏 秋 冬

ザトウムシ目に属し、ダニに近い仲間。種名の「ザトウムシ」は「座頭」から。　　10月1日　横瀬町

オナガグモ　ヒメグモ科
♂1.2〜2.5cm ♀2〜3cm　春 夏 秋 冬

体が細長い。簡素な巣には粘り気がなく、糸を伝ってきた獲物を捕らえる。　　　8月30日　北本市

オオトリノフンダマシ　ナゲナワグモ科
♂0.2〜0.25cm ♀1〜1.3cm　春 夏 秋 冬　NT 夜

全体に黄色っぽく腹部に大きな目玉模様がある。夜、大きな円網を水平に張る。　　　7月27日　北本市

トリノフンダマシ　ナゲナワグモ科

♂0.15〜0.25cm ♀0.8〜1cm　春 夏 秋 冬　NT 夜

名前のとおり鳥の糞に擬態したクモ。白い腹部にオレンジ色の目玉模様がある。　　　7月30日　入間市

シロオビトリノフンダマシ　ナゲナワグモ科

♂0.15cm ♀0.5〜0.8cm　春 夏 秋 冬　NT 夜

腹部の白い帯が目立つトリノフンダマシ。昼間は葉裏で脚を縮めてじっとしている。　　　8月3日　寄居町

トゲグモ　コガネグモ科

♂0.3〜0.4cm ♀0.6〜0.8cm　春 夏 秋 冬　VU

オスの腹部に3対の黒いトゲのような突起がある。山麓から山腹の樹林内に生息。　　　8月3日　小鹿野町

オニグモ　コガネグモ科

♂1.5〜2cm ♀2〜3cm　春 夏 秋 冬　夜

平地から山地で普通に見られる大形のクモ。夕方に円網を張り、翌朝には網をたたむ。　　　8月7日　加須市

ドヨウオニグモ　コガネグモ科

♂ 0.5〜0.7cm
♀ 0.8〜1cm
春　夏　秋　冬　夜

水田やその周辺などでよく見られる。日中は葉を袋状にした住居巣に潜んでいる。　6月15日　北本市

ヤマシロオニグモ　コガネグモ科

♂ 0.8〜1cm
♀ 1.2〜1.7cm
春　夏　秋　冬

山野で普通に見られる。腹部の模様には変異が多くセジロ型やアトグロ型などがいる。　6月12日　北本市

コガネグモ　コガネグモ科

♂ 0.5〜0.7cm
♀ 2〜2.5cm
春　夏　秋　冬　EN

写真はメスで黄色と黒の縞模様が目立つ。オスは小さく茶一色。南方系の分布を示す。　7月2日　羽生市

コガタコガネグモ　コガネグモ科

♂ 0.4〜0.5cm
♀ 0.8〜1.2cm
春　夏　秋　冬

コガネグモに似るがより小型で左の写真と比べると腹部の模様も異なる。　7月30日　北本市

ナガコガネグモ　コガネグモ科

♂ 0.8〜1.2cm
春　夏　秋　冬

平地に多い。前2種より腹部が長く、黒と黄色の細い縞模様が密にある。　7月10日　北本市

サツマノミダマシ　コガネグモ科

♂ 0.75〜0.9cm
♀ 0.8〜1.1cm
春　夏　秋　冬　夜

腹部がきれいな緑色をしたクモで円網を張る。昼間は葉裏などに潜んでいる。　7月10日　北本市

ワキグロサツマノミダマシ　コガネグモ科

♂ 0.6～0.8 cm
♀ 0.7～1 cm
春 夏 秋 冬 夜

サツマノミダマシに似るが本種は腹部の側面から下が暗褐色でメスは丸みが強い。　7月24日　寄居町

ゴミグモ　コガネグモ科

♂ 0.7～0.8 cm
♀ 1.2～1.5 cm
春 夏 秋 冬

巣の真ん中にゴミを集めて身を隠す。ゴミに埋もれて見つけづらい。
　　　　　　　　4月6日　所沢市

ギンメッキゴミグモ　コガネグモ科

♂ 0.3～0.4 cm
♀ 0.4～0.7 cm
春 夏 秋 冬

腹部が銀メッキを施したような色をしたゴミグモ。人家周辺に多い。
　　　　　　　　6月10日　入間市

カラスゴミグモ　コガネグモ科

♂ 0.3～0.4 cm
♀ 0.6～0.8 cm
春 夏 秋 冬

草間に円網を張る。写真のように地面に対して水平に止まることが多い。　　　　　4月19日　北本市

ジョロウグモ　ジョロウグモ科

♂ 0.6～1 cm
♀ 2～3 cm
春 夏 秋 冬

人家周辺～山林まで広く生息。名前は「女郎」ではなく「上臈」から。写真左がオス。　9月17日　さいたま市

オオシロカネグモ　アシナガグモ科

♂ 0.8～1.2 cm
♀ 1.3～1.5 cm
春 夏 秋 冬

腹部に3本の黒褐色の縦条がある。水辺に多い。大きな水平の円網を張る。　　　　　7月24日　秩父市

67

コシロカネグモ　アシナガグモ科

♂ 0.5〜0.8 cm
♀ 0.8〜1.1 cm　春 夏 秋 冬

平地〜山地に広く分布。刺激を加えると腹部中央に縦1本、後方に1対の細条が現れる。6月29日　嵐山町

アシナガグモ　アシナガグモ科

♂ 0.8〜1.2 cm
♀ 1〜1.5 cm　春 夏 秋 冬

平地〜山地に広く分布。長い脚を一直線に揃えて止まるので見つけにくい。6月19日　入間市

メガネドヨウグモ　アシナガグモ科

♂ 0.7〜1 cm
♀ 0.9〜1.5 cm　春 夏 秋 冬

頭胸部にメガネ状の模様が入るのが特徴。池や水田など水辺でよく見られる。5月13日　秩父市

ハラクロコモリグモ　コモリグモ科

♂ 1〜1.3 cm
♀ 1.3〜1.5 cm　春 夏 秋 冬

頭胸部にメスは淡褐色、オスは白く幅広な縦条が入る。地中で卵のうを保護する。4月10日　小鹿野町

クサグモ　タナグモ科

♂ 1.2〜1.4 cm
♀ 1.4〜1.7 cm　春 夏 秋 冬

人家周辺の生垣などに見られ、棚網を張る。灰褐色の体色の背面に濃褐色の縦条が入る。6月29日　嵐山町

ササグモ　ササグモ科

♂ 0.7〜0.9 cm
♀ 1.8〜2.8 cm　春 夏 秋 冬

草間などを徘徊して餌を獲る。緑色の脚には針状の毛がまばらに生えている。普通種。6月15日　北本市

コハナグモ　カニグモ科
♂ 0.3〜0.4 cm
♀ 0.4〜0.8 cm
春 夏 秋 冬

ハナグモと似るが腹部の斑紋が異なる。葉や花の上で脚を広げて獲物を待つ。　　　　6月19日　入間市

ワカバグモ　カニグモ科
♂ 0.7〜1.1 cm
♀ 0.9〜1.2 cm
春 夏 秋 冬

平地〜山地に広く分布。巣は作らない。写真はオスで成熟すると脚が赤くなる。　　　4月6日　所沢市

アズチグモ　カニグモ科
♂ 0.2〜0.3 cm
♀ 0.6〜0.8 cm
春 夏 秋 冬

写真はメスで白っぽいがオスは小さくて茶褐色。頭胸部に三角形の褐色斑がある。　　8月14日　羽生市

スジブトハシリグモ　キシダグモ科
♂ 1.4〜1.8 cm
♀ 1.5〜2 cm
春 夏 秋 冬

体の側面に白帯がある。スジアカハシリグモに似る。水面を走ることができる。　　　7月3日　秩父市

イオウイロハシリグモ　キシダグモ科
♂ 1.4〜1.8 cm
♀ 0.6〜0.8 cm
春 夏 秋 冬

草間や低木の葉上などを徘徊する大型のクモ。体色や模様には変異が多い。　　　　　6月12日　北本市

ネコハエトリ　ハエトリグモ科
0.7〜0.8 cm
春 夏 秋 冬

ハエトリグモの仲間ではもっとも普通。歩き回ってハエなどを捕る。写真はオス。　　5月5日　北本市

マミジロハエトリ　ハエトリグモ科

♂ 0.6〜0.7 cm
♀ 0.7〜0.8 cm　春 夏 秋 冬

黒い頭胸部の前面に白い横帯がよく目立つハエトリグモの仲間で写真はオス。　7月30日　入間市

デーニッツハエトリ　ハエトリグモ科

♂ 0.6〜0.7 cm
♀ 0.8〜0.9 cm　春 夏 秋 冬

野外で普通に見られる。名前はドイツ人クモ学者W.デーニッツ氏にちなむ。　5月14日　飯能市

アリグモ　ハエトリグモ科

♂ 0.5〜0.6 cm
♀ 0.7〜0.8 cm　春 夏 秋 冬

アリに似ている普通種で近似種がいる。擬態は外敵から身を守るために役立つ。　6月3日　入間市

カバキコマチグモ　フクログモ科

♂ 0.9〜1.3 cm
♀ 1〜1.5 cm　春 夏 秋 冬 夜

ススキなどの葉をちまきのように巻いて潜む。有毒。メスは自分の体を子の餌にする。　6月26日　羽生市

コアシダカグモ　アシダカグモ科

♂ 1.5〜2 cm
♀ 2〜2.5 cm　春 夏 秋 冬 夜

夜間に脚を広げて静止し、ゴキブリやコオロギなどを捕える。人家にも現れる。　5月21日　秩父市

マネキグモ　ウズグモ科

♂ 0.5〜0.7 cm
♀ 1.2〜1.5 cm　春 夏 秋 冬 夜

全体に褐色をした細長いクモ。普通種だが簡単な条網を張るだけなので目立たない。　7月30日　入間市

70

ウスバアゲハ アゲハチョウ科

`5〜6cm` 春 夏 秋 冬

別名ウスバシロチョウ。翅の鱗粉が落ちてゆくので透きとおったように見える。食草はムラサキケマン。年に1回ゴールデンウィーク前後に見られる。あまりはばたかずに飛ぶ。

5月8日　寄居町

クロアゲハ アゲハチョウ科

`8〜12cm` 春 夏 秋 冬

黒いアゲハチョウでは最も普通。平地〜山地に広く分布。尾状突起が短く、翅も丸みを帯びて太い点がオナガアゲハと異なる。食草はミカン科でナミアゲハと混生する。

9月11日　北本市

ナガサキアゲハ アゲハチョウ科

`9〜12cm` 春 夏 秋 冬

もともと九州など暖かい地方に生息するチョウだったが、徐々に北上し最近では関東地方でもよく目にするようになった。尾状突起がないのが特徴。

9月28日　日高市（円内♂：9月25日）

モンキアゲハ アゲハチョウ科

`9〜11cm` 春 夏 秋 冬

日本のアゲハチョウの仲間では最大級。特に夏に羽化するものは大きい。後翅に大きな黄白色の紋がありよく目立つので、他の黒いアゲハチョウとは簡単に区別がつく。

8月28日　秩父市

オナガアゲハ　アゲハチョウ科
8.5～10cm　春 夏 秋 冬

尾（尾状突起）が長いアゲハチョウ。クロアゲハやジャコウアゲハと似るが、翅が細くスマート。山地に多く、食草も野生種のミカン科植物を好む。春と夏の年二回発生する。

5月4日　入間市

ジャコウアゲハ　アゲハチョウ科
7.5～10cm　春 夏 秋 冬

写真はオスで翅が黒く体の側面が赤い。メスは色が薄く全体に褐色。蛹は「お菊虫」と呼ばれる。幼虫期に食草のウマノスズクサから毒成分を取り込み、成虫期まで保持する。

8月15日　入間市

アゲハ　アゲハチョウ科
6.5～9cm　春 夏 秋 冬

単にアゲハチョウといえば本種。幼虫はミカンやサンショウなどミカン科の植物を食樹とするのでそれらがあれば町中の庭先でも産卵に訪れる。春に現れるものは小型。

7月22日　久喜市

キアゲハ　アゲハチョウ科
7～9cm　春 夏 秋 冬

ナミアゲハに似るが黄色みが強く、また前翅の付け根が黒い点が異なる。平地から高山帯まで見られ、山頂で占有行動をとることがある。セリ科植物のニンジンやパセリを食害する。

4月13日　入間市

カラスアゲハ　アゲハチョウ科

8～12cm　春 夏 秋 冬

翅表は黒地に緑色や青藍色の鱗粉が輝き美しい。ツツジの花などをよく訪れる。オスは山道の湿った地面で吸水する。幼虫はコクサギやカラスザンショウなどを食樹とする。

5月21日　小鹿野町

ミヤマカラスアゲハ　アゲハチョウ科

8～13cm　春 夏 秋 冬

カラスアゲハに似るが本種は後翅裏面にも白帯が入る。春に発生するものは特に美しい。写真の翅の黒く剥げた部分は性標といい、オスであることを示す。

7月6日　小鹿野町

アオスジアゲハ　アゲハチョウ科

5.5～6.5cm　春 夏 秋 冬

黒い翅に透き通るような青い筋の入ったアゲハチョウで尾状突起がない。非常に素早く飛ぶ。食樹のクスノキが街路樹に利用されるため、都会でも増加している。年3～4回発生。

5月15日　所沢市

ホソオチョウ　アゲハチョウ科

5～6cm　春 夏 秋 冬 外

もともと中国や朝鮮半島に分布する外来種。人為的な放蝶により定着。後翅の細長い突起が特徴。食草はウマノスズクサでジャコウアゲハと競合する。

6月10日　所沢市

キタキチョウ シロチョウ科
3.5〜4.5cm 春 夏 秋 冬

旧名キチョウ。近年南西諸島産のキチョウと分離された。翅表は黒い縁取りがある。幼虫の食草はハギ類などのマメ科植物。　　5月8日　寄居町

モンキチョウ シロチョウ科
4〜5cm 春 夏 秋 冬

黄色の翅に紋が入るので「紋黄蝶」。メスには白いものがいる。食草はシロツメクサなので公園でも普通に見られる。早春から発生。　4月6日　入間市

ツマキチョウ シロチョウ科
4.5〜5cm 春 夏 秋 冬

翅表は全体に白く黒斑が入る。オスは前翅の先端のオレンジ色が目立つ。メスはオレンジ色がなく白に黒斑。年一回春に出現。　　5月3日　寄居町

モンシロチョウ シロチョウ科
4〜5cm 春 夏 秋 冬 外

スジグロシロチョウと似るが、前翅の先端が黒く、黒紋がある。アブラナ科を食草とし、キャベツの大害虫とされる。

7月10日　加須市

スジグロシロチョウ シロチョウ科
5〜6cm 春 夏 秋 冬

翅の脈の周りが黒いのでモンシロチョウとは識別可能。林の周囲に多いが公園、人家周辺でも見られる普通種。

5月30日　寄居町

ウラギンシジミ シジミチョウ科
3.5〜4cm 春 夏 秋 冬

大型のシジミチョウ。翅裏は銀白色。翅表にオスは橙色、メスは青白色の紋がある。成虫で越冬する。

8月3日 寄居町

ゴイシシジミ シジミチョウ科
2.5〜3cm 春 夏 秋 冬

翅裏に黒い斑紋が碁石のように並ぶ。翅表は全面黒っぽい。幼虫はササにつくアブラムシを捕食する肉食性。

9月13日 長瀞町

ムラサキシジミ シジミチョウ科
3〜4cm 春 夏 秋 冬

翅表の黒褐色に縁取られた青紫色の紋が鮮やかなシジミチョウ。翅裏は灰褐色。成虫で越冬する。

6月29日 嵐山町

ウラゴマダラシジミ シジミチョウ科
4〜4.5cm 春 夏 秋 冬 VU

ゼフィルスの仲間だが尾状突起はない。翅裏の黒斑は2列。翅表には青紫色に暗褐色の縁取りがある。食樹はイボタノキ。

7月 熊谷市（撮影：荒木三郎氏）

ミズイロオナガシジミ シジミチョウ科
3〜3.5cm 春 夏 秋 冬

翅表は濃い灰色。翅裏は白っぽく黒い帯が入る。尾状突起は長くて目立つ。主に夕方活動する。食樹はコナラ。

6月5日 さいたま市

アカシジミ　シジミチョウ科

3.5〜4.5cm　春　夏　秋　冬

翅色は鮮やかな橙色で雌雄とも同色。年一回五月ごろに姿を見せる。食樹はコナラやクヌギなので、低山地の雑木林に多い。成虫は夕方に活発に活動する傾向があり、クリの花によく集まる。メスは産卵時に体毛で卵を隠す。ときに大発生することがある。

6月19日　入間市

ウラナミアカシジミ　シジミチョウ科

4〜4.5cm　春　夏　秋　冬　VU

翅表はアカシジミに似るが、翅裏に黒い縞模様が波のように入っている（写真参照）ので区別は容易。主に夕方に活動するので昼間は葉上で休んでいることが多い。平地から低山地のクヌギやコナラなどの雑木林に見られ、アカシジミと混棲することが多い。

8月　熊谷市（撮影：荒木三郎氏）

オオミドリシジミ　シジミチョウ科

3〜4cm　春　夏　秋　冬　NT

里山の代表的なゼフィルス。翅表がメタリックな緑色をして美しい。他にも似た種類が多いので同定には注意が必要。食草はコナラやクヌギなどで平地から山地の雑木林に生息している。オスは午前中の比較的早い時刻にテリトリーを張る占有行動をとる。

7月6日　小鹿野町

ミドリシジミ　シジミチョウ科　　　　　　6月19日　入間市（下［メス］：他県）

雄の翅表はメタリックな緑色（写真上）。雌は写真下のようにいくつかの型があり表面全体が焦茶色のもの（左上：O型）や橙色の小さな斑点が入ったもの（左上：A型）、紫色の帯が入ったもの（左下：B型）、紫色の帯と橙色の斑点が入った中間のもの（右下：AB型）などがある。食樹のハンノキがある平地の水辺に多く見られ、県内ではさいたま市の秋ヶ瀬公園が有名。山地ではヤマハンノキを食樹とする。梅雨時に発生。埼玉県のチョウに指定されている。

トラフシジミ シジミチョウ科
3〜3.5cm 春 夏 秋 冬

翅裏の模様が虎の模様に似ているので虎斑（とらふ）。写真は春型で夏型は白い部分が褐色になり目立たない。

7月　北本市（撮影：荒木三郎氏）

コツバメ シジミチョウ科
2.5〜3cm 春 夏 秋 冬 NT

春一番に姿を現す。翅の表は青色、裏は枯葉色。翅を閉じてとまったまま、日光が当たるように微調整をする。

5月18日　小鹿野町

ベニシジミ シジミチョウ科
2.5〜3.5cm 春 夏 秋 冬

前翅には橙赤色に黒色斑がある。春型のほうが夏型よりも橙赤色が鮮やか。食草はスイバ、ギシギシ。河川の土手に多い。

5月8日　寄居町

ウラナミシジミ シジミチョウ科
2.5〜3.5cm 春 夏 秋 冬

褐色の翅裏に白い波状の斑紋があることからウラナミの名前がつく。オスの翅表は青みを帯びるがメスは褐色みが強い。

9月25日　川越市

ヤマトシジミ シジミチョウ科
2〜3cm 春 夏 秋 冬

都会でも普通に見られる。食草はカタバミ。1年に何度も世代交代を行う。低温期に発生した個体は青みが強く出る。

5月3日　寄居町

ルリシジミ　シジミチョウ科

2.7～3.3cm　春　夏　秋　冬

オスの翅表は黒い縁取りのある淡い瑠璃色。メスは黒色の部分が大きくなり瑠璃色が少ない。県内で普通に見られる。オスは地面で集団吸水する。様々な植物を食草とする。

6月12日　北本市

スギタニルリシジミ　シジミチョウ科

2.5～3.1cm　春　夏　秋　冬

ルリシジミに似るが春の一時期しか現れない。翅裏はルリシジミよりもくすんだ灰色地に黒斑が入る。県内では秩父など山地で見られるが局地的。食樹はトチ、キハダなど。

4月2日　小鹿野町

ツバメシジミ　シジミチョウ科

2～3cm　春　夏　秋　冬

ヤマトシジミくらいの大きさで尾状突起があり、翅裏面にオレンジ色の紋がある。オスの翅表は青紫色、メスは地味な黒褐色。幼虫の食草はシロツメクサなどマメ科の植物。

7月23日　北本市

クロツバメシジミ　シジミチョウ科

2.2～2.5cm　春　夏　秋　冬　NT　VU

尾状突起は非常に細く短い。食草はツメレンゲなど。成虫は食草の自生する崖地近くで見られるが局所的で、県内では秩父地方に多い。栽培種の食草から発生することもある。

10月18日　秩父市

テングチョウ　タテハチョウ科
4～5cm　春 夏 秋 冬

顔の先が長く伸びているのでテングチョウ。翅表にオレンジ色の斑紋がある。成虫越冬をする。盛夏には夏眠を行う。食樹はエノキ。　4月13日　入間市

アサギマダラ　タテハチョウ科
8～10cm　春 夏 秋 冬

半透明の翅でふわふわと飛ぶ。夏場は高原に集まり、ヒヨドリバナやフジバカマの花を好む。渡りをすることで有名。

9月10日　横瀬町

ミドリヒョウモン　タテハチョウ科
6.5～8cm　春 夏 秋 冬

後翅裏面が緑色を帯びる。食草はスミレ科。ヒョウモンチョウの仲間の翅表はどれも似ているので区別は裏面がわかりやすい。　9月13日　嵐山町

ツマグロヒョウモン　タテハチョウ科
6～7cm　春 夏 秋 冬

写真はメスで前翅の先端が黒く白い帯が入る。西南日本に生息していたが分布域が拡大、現在は県内でも普通に見られる。　7月28日　秩父市

イチモンジチョウ　タテハチョウ科
4.5～5.5cm　春 夏 秋 冬

翅表は前後翅とも黒褐色で白い帯が中央に入る。食樹はスイカズラ。平地～山地に広く分布し、渓谷沿いにも多い。

6月3日　さいたま市

アサマイチモンジ タテハチョウ科

4.8〜6.1cm 春 夏 秋 冬 NT

ほぼ本州全域に生息。イチモンジチョウに似るが、前翅中室の白斑が明瞭。白線の4番目の紋（写真参照）が大きい傾向がある。　7月22日 久喜市

コミスジ タテハチョウ科

4.5〜5.5cm 春 夏 秋 冬

白帯が前翅に1本、後翅に2本の計3本が入るのでミスジ。県内に広く分布する普通種。食草はフジ、クズなどのマメ科。　5月4日 入間市

ホシミスジ タテハチョウ科

4.5〜6cm 春 夏 秋 冬 NT

前翅の白帯が点線のような斑紋になる。食草はシモツケ、ユキヤナギなど。山地に多いが、関西地方では平地に進出している。　7月6日 小鹿野町

ミスジチョウ タテハチョウ科

5.5〜7cm 春 夏 秋 冬 NT

一番上の白帯がまっすぐ1本に伸びる（コミスジは筆状に分離）。食草はカエデ科。平地にも分布するが山地に多い。

7月6日 小鹿野町

サカハチチョウ タテハチョウ科

3.5〜4.5cm 春 夏 秋 冬

年2回発生、春夏で模様が大きく異なる。写真は春型。夏型は黒っぽい。翅の白色の帯が逆八の字に見えるので「サカハチ」。　5月8日 寄居町

81

キタテハ タテハチョウ科

5～6cm 春 夏 秋 冬

黄褐色に黒い斑紋が入ったチョウ。タテハチョウの仲間では最普通種。成虫で越冬する。食草はカナムグラなど。

7月3日 秩父市

ヒオドシチョウ タテハチョウ科

6～7cm 春 夏 秋 冬 VU

戦国時代の赤い甲冑（緋縅）に翅の色が似ているとして名付けられた。成虫越冬するが初夏に新しい個体が発生。

6月19日 入間市

エルタテハ タテハチョウ科

7cm 春 夏 秋 冬

後翅裏面にL字状の白斑がある。ヒオドシチョウに似るが後翅表面に白斑が入り、青い縁取りはない。山地性。

5月25日 秩父市

キベリタテハ タテハチョウ科

6～7cm 春 夏 秋 冬

翅の縁が黄色に縁取られ、ビロード状の光沢を帯びる。県内では奥秩父の山で見られるがそれほど多くはない。

5月25日 秩父市

ルリタテハ タテハチョウ科

5～6.5cm 春 夏 秋 冬

翅裏は地味な褐色、翅表は濃紺地に瑠璃色。樹液によく集まる。食草はサルトリイバラ、ホトトギス。成虫越冬する。

5月14日 秩父市

アカタテハ タテハチョウ科

`5〜6cm` 春 夏 秋 冬

前翅の中程と後翅の縁取りが橙色。前翅の先端は黒に白い斑紋があり、前後翅とも基部が大きく褐色になるのが特徴。森林周辺の日当たりのいい場所に生息し、都市部でも見られる。　　　　6月15日　北本市

ヒメアカタテハ タテハチョウ科

`4〜5cm` 春 夏 秋 冬

アカタテハに似るが後翅の橙色の斑紋が中央にまで及ぶ。全世界に広く分布するコスモポリタンで越冬態は決まっていない。主な食草はヨモギ、幼虫は葉を綴り合せた巣に潜む。　　　　11月20日　幸手市

スミナガシ タテハチョウ科

`5〜6.5cm` 春 夏 秋 冬

墨を流してできる染色の模様に似ることからその名がある。クヌギやヤナギの樹液に集まる。食樹はアワブキ、若齢幼虫は葉脈に擬態し、終齢幼虫はピエロのような角を持つ。
6月3日　入間市

コムラサキ タテハチョウ科

`5.5〜7cm` 春 夏 秋 冬 NT

食樹はヤナギなので河川敷に多く見られる。樹液や腐熟果に集まる。幼虫は樹皮の割れ目などに潜み越冬する。栃木県宇都宮市のものには黒化する個体群がある。

7月13日　羽生市

オオムラサキ　タテハチョウ科

7.5〜10 cm　春 夏 秋 冬　NT VU

日本の国蝶で里山を代表する蝶。タテハチョウ科の中では最大級で、近くを飛ぶと翅音が聞こえるほど迫力がある。オス（左）の翅表は青紫色に白や黄色の斑紋が入る。メス（右）は青紫色の部分が黒褐色で胴が著しく太い。成虫はクヌギやコナラなどの樹液に集まる。エノキを食樹とし、幼虫は落ち葉の裏で越冬する。環境省の準絶滅危惧種。

左：7月17日　嵐山町　右：8月3日　秩父市

ゴマダラチョウ　タテハチョウ科

6〜8.5 cm　春 夏 秋 冬

オオムラサキと同様の環境を好み、幼虫〜成虫期を通して食性も同一。最近は外来種のアカボシゴマダラが増加し、競合している。県内では通常年2回発生。

6月3日　入間市

アカボシゴマダラ　タテハチョウ科

7.5〜9.5 cm　春 夏 秋 冬　特外

在来種は奄美大島周辺にしか生息しない。県内で見られるものは中国産の個体をマニアが放蝶、定着したものといわれる。春型（円内）は全体に白く、赤い模様はない。

6月3日　入間市

ジャノメチョウ タテハチョウ科
5〜6.5cm　春 夏 秋 冬　NT

表裏ともに前翅に2個、後翅に1個の蛇の目模様がある。他のジャノメチョウ類とは異なり、明るい場所を好む。

7月4日　秩父市

ヒカゲチョウ タテハチョウ科
5〜6cm　春 夏 秋 冬

翅の地色は淡褐色で、クロヒカゲよりも色調が淡い。翅表の眼状紋は目立たず、無地に見える。県内に普通。

9月5日　さいたま市

クロヒカゲ タテハチョウ科
4.5〜5.5cm　春 夏 秋 冬

翅は黒褐色。後翅裏面の眼状紋には青い縁取りがある。林内の暗いところで見ることが多い。樹液によく集まる。

5月15日　入間市

サトキマダラヒカゲ タテハチョウ科
5〜6.4cm　春 夏 秋 冬

低地〜丘陵地の雑木林や竹藪などで普通に見られる。翅表は褐色地に黄色の斑点が並ぶ。樹液によく集まる。

8月15日　入間市

3つの斑紋がほぼ直線状に並ぶ

ヤマキマダラヒカゲ タテハチョウ科
5.5〜6.5cm　春 夏 秋 冬

サトキマダラヒカゲに酷似するが、後翅裏面付け根付近の褐色斑が「くの字」に並ぶ。主に山地に生息。樹液や獣糞に集まる。

6月22日　秩父市

3つの斑紋がくの字状になる

コジャノメ　タテハチョウ科
`4〜5cm`　春 夏 秋 冬

黒褐色の翅の前翅に1対の大きな眼状紋と2〜3個の小さな眼状紋、後翅に7個の眼状紋が入る。ヒメジャノメとよく似るが、本種のほうが色が濃い。薄暗い林内に生息する。

7月23日　北本市

ヒメジャノメ　タテハチョウ科
`4〜5cm`　春 夏 秋 冬

草原や林縁で見られる。コジャノメに似るが色が薄く、後翅の大きな眼状紋の上の眼状紋は3つ（コジャノメは4つ）。平地〜低山地に広く分布する。主にササ類を食草とする。

6月10日　入間市

クロコノマチョウ　タテハチョウ科
`6〜8cm`　春 夏 秋 冬

翅は枯れ葉のような焦茶色で縁は凸凹している。南方種で埼玉県は分布北限に近い。日中はあまり飛ばず、朝夕に雑木林内や林縁で活発に活動する。主な食草はジュズダマ。

7月27日　北本市

ヒメウラナミジャノメ　タテハチョウ科
`3〜4cm`　春 夏 秋 冬

明るい環境を好み、草原や林の周辺で普通に見られる小型のジャノメチョウ。後翅裏に5つの眼状紋とともにさざ波状の斑紋がある。食草はススキなど。

6月10日　さいたま市

ミヤマセセリ　セセリチョウ科

3.5〜4.2cm　春　夏　秋　冬　NT

早春の里山を代表するチョウで年1回だけ発生する。メスは前翅に白斑が入る（写真参照）。オスのほうがやや早い時期に発生する傾向がある。食樹はクヌギやコナラなど。

4月13日　入間市

ダイミョウセセリ　セセリチョウ科

3〜4cm　春　夏　秋　冬

黒地に入る白い斑紋が大名の紋付姿に例えられた。翅を開いてとまる。食草はヤマノイモなどで、幼虫は葉の一部を折った巣に潜む。関東地方以外では平地に少ない。

5月15日　入間市

アオバセセリ　セセリチョウ科

4〜4.9cm　春　夏　秋　冬

大型のセセリチョウ。全体が緑で後翅にはオレンジ色が入る。非常に敏捷に飛ぶ。山地の林縁や渓流沿いで見られる。食草アワブキ、幼虫の頭部はテントウムシに似る。

8月6日　秩父市

ギンイチモンジセセリ　セセリチョウ科

3〜3.5cm　春　夏　秋　冬　NT　NT

後翅裏面中央にある銀白色条が春型成虫に顕著。写真は夏型で条が薄い。翅や体が細くセセリチョウとしては華奢でヒラヒラと飛ぶ。環境省の準絶滅危惧種。

8月22日　北本市

87

コチャバネセセリ　セセリチョウ科
3〜3.4 cm　春 夏 秋 冬

翅裏が黄褐色で斑紋も黄色みを帯びる。成虫は春先から出現し、普通に見られる。幼虫はササを食草とする。

7月27日　北本市

イチモンジセセリ　セセリチョウ科
3.4〜4 cm　春 夏 秋 冬

後翅裏面の4つの銀白色の紋が一文字に並んでいるのが特徴。セセリチョウの仲間ではもっとも目にする。秋に個体数が増加する。

6月10日　入間市

オオチャバネセセリ　セセリチョウ科
3〜4 cm　春 夏 秋 冬　NT

イチモンジセセリに似るが後翅裏面の銀白色の紋が不揃い。全国的に減少傾向とされる。平地〜山地の草原やササ原に多い。

6月29日　嵐山町

キマダラセセリ　セセリチョウ科
2.5〜3.2 cm　春 夏 秋 冬

茶褐色に濃い黄色のまだら模様がある。エノコログサやススキなどイネ科植物を食草とする。平地でも普通に見られる。

8月30日　北本市

ヒメキマダラセセリ　セセリチョウ科
2.6〜3.2 cm　春 夏 秋 冬

低山から山地の林縁などで見られる。写真はオスでオレンジ色が濃く、前翅の中央に黒帯が入る。幼虫の食草はチヂミザサなど。

6月19日　入間市

クロハネシロヒゲナガ　ヒゲナガガ科
1.1〜1.4cm　春　夏　秋　冬

春先の草むらをポヤポヤと飛ぶ。翅は光を受けると金色に輝いて見える。触角が長い。　5月5日　北本市

ホソオビヒゲナガ　ヒゲナガガ科
1.4〜1.7cm　春　夏　秋　冬

黒光りの翅に金色の帯状紋、長い触角が特徴。写真はメスでオスはもっと長い。　6月10日　入間市

ミノウスバ　マダラガ科
1.9〜3.3cm　春　夏　秋　冬

マサキの生垣につく。半透明な翅の基部は白く、黒い体には橙色の毛がある。　10月9日　横瀬町

ホタルガ　ホタルガ科
4.2〜5.7cm　春　夏　秋　冬

弱い毒がある。成虫は初夏と秋に林縁などで見かける。近似種にシロシタホタルガがいる。　7月10日　羽生市

ヒメアトスカシバ　スカシバガ科
♂ 2.1〜2.7cm
♀ 2.2〜2.9cm　春　夏　秋　冬

ハチに擬態しているとされる。透明な翅だが羽化直後は鱗粉に薄く覆われている。　7月3日　秩父市

ヨツスジヒメシンクイ　ハマキガ科
1〜1.4cm　春　夏　秋　冬

翅に4本の白い縞模様がある小さなガ。幼虫はカナムグラなどの葉を食べる。　7月25日　北本市

ビロードハマキ　ハマキガ科

♂ 3.4〜4 cm
♀ 4〜5.9 cm
春 夏 秋 冬

派手な斑紋が入る美しいガ。南方系の種で、近年は県内でも多く見られる。日中に活動する。

6月18日　北本市

シロオビノメイガ　ツトガ科

1.6〜2.2 cm　春 夏 秋 冬

草原などで普通に見られる。白い帯が目立つ。ホウレンソウの害虫。昼間に活動するが灯火にも飛来する。

8月30日　北本市

クワコ　カイコガ科

♂ 3.3 cm 前後
♀ 4.4 cm 前後
春 夏 秋 冬 夜

淡褐色の前翅の先端は濃褐色。養蚕に利用されるカイコの原種。食草はクワやヤマグワ。灯火にも飛来する。

6月29日　嵐山町

ヤママユ　ヤママユガ科

♂ 13.5 cm 前後
♀ 14.0 cm 前後
春 夏 秋 冬 夜

翅を広げると15cmほど。灯火によく飛来する。翅色は黄褐色から赤褐色まで変異が多い。前後翅とも翅の中央に大きな眼状紋がある。成虫は口が退化しており何も食べない。繭からは高品質な糸が採れ、天蚕とも呼ばれる。

8月15日　入間市

クスサン　ヤママユガ科

♂12.0cm前後
♀12.5cm前後　春 夏 秋 冬　夜

秋に出現する大きなガで灯火によく飛来する。翅色は灰黄色から濃赤褐色まで変異が大きい。後翅には大きな眼状紋がある。幼虫はクリやクヌギ、コナラなど様々な樹木の葉を食べる。スカスカに編んだ繭は「透かし俵」と呼ばれる。

10月8日　秩父市

ヒメヤママユ　ヤママユガ科

♂9cm前後
♀10cm前後　春 夏 秋 冬　夜

成虫は秋も深まった10月から11月頃に出現する。ヤママユに比べると一回り小さく、模様もくっきりとしている。灯火にもよく飛来し、山間部のコンビニなどで見ることがある。幼虫はクリやクヌギ、サクラなど様々な樹木の葉を食べる。

10月29日　秩父市

オオミズアオ　ヤママユガ科

♂8〜11cm
♀8.5〜12cm　春 夏 秋 冬　夜

白に近い薄い青白色の翅を持った大きなガで後翅がアゲハチョウの尾状突起のように長く伸びる。県内でも普通に見られ、灯火によく飛来する。近似種オナガミズアオはさらに長い尾状突起を持つが、識別は困難。成虫は摂食しない。

8月　（撮影：荒木三郎氏）

クロメンガタスズメ　スズメガ科

 10〜12.5cm　春 夏 秋 冬　夜

胸部背面に人の顔に似た模様があることからメンガタ。南方系で近年県内に進出。　9月3日　北本市

オオスカシバ　スズメガ科

 5〜7cm　春 夏 秋 冬

翅が透明で、胴体は背が黄緑色で中ほどに赤い横帯。食草はクチナシ。　7月29日　三郷市

ホシホウジャク　スズメガ科

 5〜5.5cm　春 夏 秋 冬

体つきはオオスカシバに似るが翅も胴体も茶色っぽい。日中に活動する。　6月3日　さいたま市

イカリモンガ　イカリモンガ科

 3.5cm前後　春 夏 秋 冬

茶褐色にオレンジ色の斑紋が入った翅。日中に活動し翅を閉じて止まる。　4月24日　小鹿野町

キンモンガ　フタオガ科

 3.2〜3.9cm　春 夏 秋 冬

昼行性のガで黒地に薄い黄色の紋が目立つ。平地から山地まで見られる。　8月23日　横瀬町

ウコンカギバ　カギバガ科

 ♂3.2〜3.5cm ♀4.3〜4.5cm　春 夏 秋 冬　夜

翅は黄褐色。前翅の先端が尖る。外縁には黒紋がある。灯火にも飛来する。　10月8日　さいたま市

ヒトツメカギバ　カギバガ科

♂ 3.2～3.6cm / ♀ 3.5～4.5cm　春 夏 秋 冬　夜

カギバガの仲間で前翅の翅頂が尖る。白い翅に茶褐色の眼状紋が目立つ。　　　　　6月3日　入間市

ギンツバメ　ツバメガ科

2.5～2.9cm　春 夏 秋 冬　夜

白い翅に灰色の細かい筋模様。止まっていると模様がつながって見える。　　　　　6月12日　北本市

ユウマダラエダシャク　シャクガ科

3～5cm　春 夏 秋 冬　夜

白地に黒と橙色の斑紋がある。普通種だが似たものが多い。食樹はマサキ。　　　　6月6日　東京都

フタホシシロエダシャク　シャクガ科

2.3～2.4cm　春 夏 秋 冬　夜

白い前翅の前縁部に黒褐色の斑紋が2つ入るシャクガ。平地から低山帯に生息。　　　　4月13日　入間市

クロミスジシロエダシャク　シャクガ科

3～4cm　春 夏 秋 冬　夜

翅に3本の黒い筋が入ることから「ミスジ」。灯火によく飛来する。食樹はエゴノキ。　10月1日　横瀬町

ヒョウモンエダシャク　シャクガ科

3.8～5cm　春 夏 秋 冬　夜

白地に黒紋が散らばる。平地から山地に広く生息。食草のアセビから毒成分を取り込む。　7月21日　秩父市

93

ハスオビエダシャク　シャクガ科
3.7〜5cm　春 夏 秋 冬　夜

春に出現。淡褐色の前翅には暗褐色の筋が入る。広食性で様々な植物を食べる。　4月24日　小鹿野町

トガリエダシャク　シャクガ科
3〜4.1cm　春 夏 秋 冬　夜

翅頂は尖る。淡褐色の前翅には翅頂から後縁中央に暗褐色帯がある。　4月29日　小鹿野町

キオビベニヒメシャク　シャクガ科
1.4cm前後　春 夏 秋 冬　夜

淡褐色の前翅から後翅の外縁に暗紅色の帯がある。灯火にも飛来する。　6月12日　北本市

セスジナミシャク　シャクガ科
♂ 2.2〜2.5cm　♀ 2.4〜2.8cm　春 夏 秋 冬　夜

黒褐色の翅に白い線が網目状に不規則に走る。幼虫はアケビの葉を食べる。　6月10日　入間市

ゴマフリドクガ　ドクガ科
♂ 2.2〜3cm　♀ 3.1cm前後　春 夏 秋 冬　夜

翅は黄褐色に黒褐色の斑点。幼虫の毛に毒があり、成虫になるとその毛を腹につける。　6月10日　入間市

ハガタキコケガ　ヒトリガ科
2.7cm前後　春 夏 秋 冬　夜

淡黄色の前翅には黒い小斑や波線が入り、外縁は濃い黄色。灯火にもよく飛来する。　6月10日　入間市

94

ベニヘリコケガ　ヒトリガ科

2.6 cm前後　春　夏　秋　冬　夜

翅が美しい紅色で縁取られたガ。縁取りの中は黒い波形のような模様が入る。　　6月25日　小鹿野町

カノコガ　カノコガ科

3～3.7 cm　春　夏　秋　冬

翅は黒褐色の地に透明な大きめの白斑が目立つ。普通に見られる。昼行性。　　6月18日　北本市

アオスジアオリンガ　コブガ科

3.4～4 cm　春　夏　秋　冬　夜

緑色の前翅には白と濃緑色の筋が入る。触覚が朱色で目立つ。灯火によく飛来する。　8月6日　北本市

キシタバ　ヤガ科

5.2～7 cm　春　夏　秋　冬　夜

後翅の黄色と濃褐色の2色が鮮やか。この仲間を学名にちなみカトカラと呼ぶ。　　9月11日　嵐山町

ナカグロクチバ　ヤガ科

3.8～4.2 cm　春　夏　秋　冬　夜

止まった姿は三角形。その真ん中に台形状に黒と白の横帯が入りよく目立つ。　　9月25日　北本市

ハグルマトモエ　ヤガ科

5.5～7.5 cm　春　夏　秋　冬　夜

前翅に1対の黒い巴紋がある。平地から山地に生息。クヌギなどの樹液に集まる。　7月25日　北本市

95

前翅と後翅の縁紋が重ならない。

オツネントンボ　アオイトトンボ科
3〜3.5cm　春 夏 秋 冬

成虫で越冬し、「オツネン」とは越年の意。越冬後も体色は青くならず褐色のまま。翅の先にある縁紋は前翅と後翅で重ならない。　8月18日　山梨県

前翅と後翅の縁紋が重なる。

ホソミオツネントンボ　アオイトトンボ科
3.5〜4.2cm　春 夏 秋 冬

成虫越冬する。写真は体色が褐色だが、越冬後暖かくなると鮮やかな青になる。翅の先にある縁紋は前翅と後翅で重なる。　4月24日　小鹿野町

アオイトトンボ　アオイトトンボ科
3.4〜4.8cm　春 夏 秋 冬

全身金緑色でオスは成熟すると胸部に青白い粉をふく。成熟個体の複眼は美しい青になる。平地や低山地の水辺に生息する。　9月15日　滑川町

オオアオイトトンボ　アオイトトンボ科
4.5cm　春 夏 秋 冬

アオイトトンボの仲間で普通のイトトンボよりも大きい。翅を開いてとまることが多い。水辺の木の枝に産卵する。

9月25日　北本市

アサヒナカワトンボ　カワトンボ科
5cm　春 夏 秋 冬

緑色の金属光沢があり、翅は透明なタイプと褐色のタイプがある。以前はニシカワトンボと言われていた。県西部に分布。　5月8日　寄居町

ミヤマカワトンボ　カワトンボ科

[6〜8cm] 春 夏 秋 冬

山地の渓流などに生息する大型のカワトンボ。翅が茶褐色で先端近くに暗褐色の帯がある。メスは水中に没して産卵する。
　　　　　6月25日　小鹿野町

ハグロトンボ　カワトンボ科

[6cm] 春 夏 秋 冬

翅が黒いカワトンボの仲間。写真はオスで黒緑色で金属光沢がある。メスは体色が黒褐色。緩やかな流れの水辺で見られる。
　　　　　6月29日　嵐山町

モノサシトンボ　モノサシトンボ科

[4.5cm] 春 夏 秋 冬

黒色の体色に青緑色の斑紋がある。腹部の各節の環状紋がものさしの目盛りのように見える。関東地方では減少傾向にある。
　　　　　7月3日　秩父市

オオモノサシトンボ　モノサシトンボ科

[4.8cm] 春 夏 秋 冬

モノサシトンボによく似るがやや大きい。生息は局地的で県内でも稀。環境省の絶滅危惧ⅠA類に指定されている。
　　　　　8月7日　杉戸町

キイトトンボ　イトトンボ科

[3.5〜4.6cm] 春 夏 秋 冬

腹部が鮮やかな黄色なので識別は容易。イトトンボとしては腹部が太い。平地から丘陵地や低山の挺水植物の茂った池沼に生息。
　　　　　8月3日　秩父市

ベニイトトンボ イトトンボ科

3.6〜4.3cm 春 夏 秋 冬 NT CR

腹部が真っ赤なイトトンボで識別は容易。水草の茂った池沼に生息するが局地的で国の絶滅危惧Ⅱ類に指定。　　　7月23日　さいたま市

クロイトトンボ イトトンボ科

3cm 春 夏 秋 冬

全体に黒っぽい感じがするイトトンボでオス（右の個体）の腹部の第8節と9節は写真のように青色をしている。成熟するとオスは胸部に白い粉をふく。
　　　　　6月15日　北本市

セスジイトトンボ イトトンボ科

3.2cm 春 夏 秋 冬

平地や丘陵地の挺水植物が茂る池沼などに生息。成熟するとオスは青色、メスは緑色になる。複眼の後ろに三角形の紋がある。オオイトトンボ、ムスジイトトンボと近縁。
　　　　　8月14日　羽生市

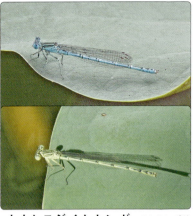

オオセスジイトトンボ イトトンボ科

4cm 春 夏 秋 冬 EN CR

大型のイトトンボ。写真上がオスで鮮やかな水色、下がメスで緑色。県内でも稀。国の絶滅危惧ⅠA類に指定されている。　8月7日　杉戸町

オオイトトンボ　イトトンボ科

3.6 cm　春　夏　秋　冬

平地から低山の池沼などに生息。複眼の後ろの青い紋は大きい。西日本・本州の太平洋岸では激減している。

7月10日　加須市

ホソミイトトンボ　イトトンボ科

3〜3.8 cm　春　夏　秋　冬　CR

成虫で越冬するイトトンボ。名前のとおり腹部はイトトンボの中でもひときわ細い。平地から丘陵地の池沼に生息する。

5月12日　滑川町

アオモンイトトンボ　イトトンボ科

3.1〜3.6 cm　春　夏　秋　冬

アジアイトトンボに似るがオスの腹部第8節が全体に青い。県内では平地〜丘陵地の池沼に普通。南方系。

7月23日　さいたま市

アジアイトトンボ　イトトンボ科

3 cm　春　夏　秋　冬

平地の池などで普通に見られるイトトンボ。オスは腹部の第9節に青い紋がある。成熟したメスはくすんだ草色。

7月10日　羽生市

サラサヤンマ　ヤンマ科

5.5〜6 cm　春　夏　秋　冬　NT

4月下旬くらいから現れる小型のヤンマ。腹部の黄色の斑紋が更紗模様。薄暗い湿地を好む。幼虫は湿った陸上で過ごす。

6月19日　入間市

ネアカヨシヤンマ　ヤンマ科

9〜11cm　春 夏 秋 冬　NT NT

翅の基部が赤褐色で、ヨシ原にいることが名の由来。複眼は青いが羽化直後には灰褐色。腹部は黒色に黄緑色の斑紋が入り、腰はくびれず寸胴型。朝夕に活動し日中は枝などにとまって休息していることが多い。森林がある池や沼などに生息するが局所的。県指定の準絶滅危惧種。

8月10日　北本市

カトリヤンマ　ヤンマ科

7〜7.5cm　春 夏 秋 冬

腰のあたりが細くくびれる。日中は薄暗い林の中で枝などにとまってじっとしており、夕方活発に活動する。未熟個体は全体に褐色がかるが、成熟したオスは複眼が水色になり、腹部の斑紋も水色になる。平地から低山地の池沼や水田、細い流れのところなどに生息する。

10月2日　群馬県

マルタンヤンマ　ヤンマ科

7〜7.5cm　春 夏 秋 冬　NT

オスのコバルトブルーの複眼が特徴的。黄昏活動性のヤンマで飛翔は朝夕、日中は池や沼の近くの木立の中で休む。メスの複眼は緑褐色で、翅が濃い褐色を帯びる。マルタンはフランスのトンボ学者の名前に因んだもの。東京都練馬区石神井公園の発生地が有名。

8月13日　北本市　（円内：7月24日　秩父市）

ヤブヤンマ　ヤンマ科

`8〜9cm` 春 夏 秋 冬

オスの腹部には黒地に黄緑色の斑紋が入り、複眼は青。メスは緑色の複眼で翅も褐色を帯びる。止水で発生する。　　　8月13日　北本市

オオルリボシヤンマ　ヤンマ科

`8〜9cm` 春 夏 秋 冬 VU

オス（右上）は腹部に美しい瑠璃色の斑紋が入る。メス（左下と円内）の斑紋は黄緑色。ルリボシヤンマに似る。8月28日　秩父市（円内：7月24日）

ギンヤンマ　ヤンマ科

`7cm` 春 夏 秋 冬

県内では普通。胸と腹の境界部分の腹側にはわずかに銀色の部分がある。背側はオスが水色、メスは黄緑色。9月3日　北本市（円内：7月2日　羽生市）

クロスジギンヤンマ　ヤンマ科

`7.3cm` 春 夏 秋 冬

出現期が早く5月には見られる。ギンヤンマに似るが、胸部に2本の黒条があり銀色の部分はないことで識別可能。　　　7月3日　秩父市

ウチワヤンマ　サナエトンボ科
`7〜10cm` 春 夏 秋 冬

サナエトンボの仲間。腹部の先端（第8節）に半円形の葉状片があり、うちわのように見える。

7月10日　北本市

コオニヤンマ　サナエトンボ科
`8〜9cm` 春 夏 秋 冬

日本最大のサナエトンボの仲間。相対的に頭が小さい。幼虫は河川中流部に見られ、平たく脚が長い。

6月29日　嵐山町

オナガサナエ　サナエトンボ科
`5.8〜6.5cm` 春 夏 秋 冬

日本特産種。オスの尾部付属器がハサミ状で長い（写真参照）。河川の岩などによくとまる。夜間に羽化する。

8月28日　秩父市

アオサナエ　サナエトンボ科
`5.7〜6.5cm` 春 夏 秋 冬 NT

平地から低山地の河床が砂あるいは小砂利の清流に生息する。雌雄ともに頭部と胸部の緑色が鮮やか。局地的に分布。

5月19日　千葉県

ダビドサナエ　サナエトンボ科

4〜5cm　春 夏 秋 冬

低山から山地の渓流で普通に見られるサナエトンボ。胸部に2本の黒条がある。ダビドとはフランス人の生物学者。

6月25日　小鹿野町

ヤマサナエ　サナエトンボ科

6.5〜7cm　春 夏 秋 冬

平地から低山帯で普通に見られる大型のサナエトンボ。谷戸などの小川でも見られる。ホバリングをすることが多い。

7月3日　秩父市

オニヤンマ　オニヤンマ科

9〜11cm　春 夏 秋 冬

日本最大のトンボ。縄張りを持ち、同じコースを巡回する。比較的小さな川に多く、幼虫は成熟するのに5年ほどかかる。

8月3日　秩父市

タカネトンボ　エゾトンボ科

5.2〜6.2cm　春 夏 秋 冬

平地〜山地に広く分布し高山（高嶺）とは限らない。森の中の池沼で見られるエゾトンボの仲間。胸部は緑色の金属光沢がある。

8月3日　秩父市

オオヤマトンボ　エゾトンボ科

8〜9cm　春 夏 秋 冬

オニヤンマに似るが、胸部は緑色の金属光沢を帯びる。開けた水面を持つ大きな池沼で見られる。

9月7日　さいたま市

チョウトンボ トンボ科
4 cm 　春 夏 秋 冬

平地から丘陵地の水生植物が多い池で見られる。有色の翅を持ちオスは濃紫色、メスは黒味が濃い。

8月7日　羽生市

ナツアカネ トンボ科
3.5 cm 　春 夏 秋 冬

夏～秋にかけて普通に見られる。アキアカネに似るが、全身が真っ赤になる（アキアカネは胴のみが赤い）。

9月13日　嵐山町

リスアカネ トンボ科
3.5～4.3 cm 　春 夏 秋 冬

翅の先端が褐色を帯びる。オスの腹部は鮮やかな赤。胸部には褐色に黒い模様が入る。「リス」はスイスのトンボ学者。

7月27日　北本市

ノシメトンボ トンボ科
4.5 cm 　春 夏 秋 冬

比較的大型のアカトンボ。翅の先端は黒褐色で、成熟しても赤くならない。平地から低山帯にかけて普通に見られる。

6月29日　嵐山町

アキアカネ トンボ科
4 cm 　春 夏 秋 冬

夏に高地へ移動し秋に平地に戻る。ナツアカネとの識別点は胸の模様。普通種だったが近年農薬の影響等で減少。

9月11日　横瀬町

コノシメトンボ　トンボ科

3.6〜4.8 cm　春　夏　秋　冬

翅の先が黒い。オスは成熟すると胸部や顔まで赤くなる。ノシメトンボよりむしろマユタテアカネと近縁。

5月15日　入間市

ヒメアカネ　トンボ科

3 cm　春　夏　秋　冬　NT

アカトンボの仲間では一番小さい。成熟すると特にオスは顔が白くなる。山間の放棄水田でよく見られる。

9月7日　入間市

マユタテアカネ　トンボ科

3〜4 cm　春　夏　秋　冬

顔面に1対の黒色の眉斑があり、名前の由来になっている。メスは翅の先端が黒褐色になるものとならないものがいる。

9月13日　嵐山町

マイコアカネ　トンボ科

2.8〜3.9 cm　春　夏　秋　冬

成熟すると腹部が赤くなり顔が青白くなる。広く分布するが産地は限定的。写真は未成熟個体。

7月22日　久喜市

ミヤマアカネ　トンボ科

3.5 cm　春　夏　秋　冬

翅の褐色の帯の縁には白紋がある。オスは成熟すると全身が赤くなり、白紋まで赤く色づく。

9月13日　嵐山町

ネキトンボ　トンボ科

4cm　春 夏 秋 冬

名は翅の基部の橙色に由来する。未成熟個体は黄褐色だが成熟するとオスは全体、メスは腹部背面が赤くなる。

8月15日　入間市

キトンボ　トンボ科

4cm　春 夏 秋 冬　VU

夏の終わりから秋に現れる全体が橙褐色をしたアカトンボの仲間。翅は黄色味を帯びる。森林に囲まれた池沼で見られる。

10月1日　長瀞町

コシアキトンボ　トンボ科

4.5cm　春 夏 秋 冬

体は全体に黒いが腹部に白い部分があり、腰が空いているように見えることからコシアキと名付けられた。

7月22日　久喜市

コフキトンボ　トンボ科

4cm　春 夏 秋 冬

写真は翅に褐色の帯があるメスの異色型。普通は円内のように雌雄ともシオカラトンボのような青白色の粉を帯びる。

6月26日　羽生市

ショウジョウトンボ　トンボ科

4cm　春 夏 秋 冬

成熟したオスは写真のように体全体が真っ赤になる。メスや未熟個体はウスバキトンボのように淡い橙褐色をしている。

7月18日　羽生市

ウスバキトンボ　トンボ科
4.5 cm　春 夏 秋 冬

黄褐色をしたトンボで公園や空き地などで飛び回っているのを見かける。1年間に何度も世代交代を行い、北上する。

8月13日　北本市

ハラビロトンボ　トンボ科
3.5 cm　春 夏 秋 冬

腹部の幅が広い。写真はメスで成熟したオスは全体が黒化し、シオカラトンボのように青白い粉を帯びるようになる。

7月22日　久喜市

シオカラトンボ　トンボ科
5 cm　春 夏 秋 冬

老熟したオスは灰白色の粉で覆われる。メスや未成熟個体は黄褐色に黒い斑紋がありムギワラトンボとも言われる。

6月12日　北本市

シオヤトンボ　トンボ科
4 cm　春 夏 秋 冬

県内の平地では4月早々に姿を見せる。シオカラトンボに似るが腹部の先端が黒くならない。普通種。

5月15日　入間市

オオシオカラトンボ　トンボ科
5 cm　春 夏 秋 冬

雄雌ともシオカラトンボより濃い色合いになる。また後翅の基部が黒褐色になるのも特徴。がっしりした体形で獰猛。

6月12日　北本市

ハンミョウ ハンミョウ科
`2cm前後` 春 夏 秋 冬

美しい色彩で知られる。低く飛び、すぐに着地する習性から「道教え」と呼ばれる。　　5月4日　入間市

コニワハンミョウ ハンミョウ科
`1.3cm前後` 春 夏 秋 冬

河原の砂地に多いハンミョウ。ニワハンミョウより小さく上翅の白色紋は明瞭。　　9月13日　長瀞町

エリザハンミョウ ハンミョウ科
`0.9～1.1cm` 春 夏 秋 冬

水田周辺や河川敷など泥質の湿生裸地で見られる小型種。斑紋は大きく湾曲。　　6月15日　北本市

コハンミョウ ハンミョウ科
`1.3cm前後` 春 夏 秋 冬

全体が銅色の小型種で上翅には細い紋が入る。河川敷などに生息。
　　8月10日　川越市

ミヤマハンミョウ ハンミョウ科
`1.5～2cm` 春 夏 秋 冬

山地から高山帯に生息する。体色は暗緑色から銅緑色で白紋は明瞭。
　　5月25日　秩父市

トウキョウヒメハンミョウ ハンミョウ科
`0.8cm前後` 春 夏 秋 冬

市街地の公園や空き地などにいる小型種でハエのように足元を飛ぶ。
　　6月26日　嵐山町

アオオサムシ オサムシ科

2.5〜3.2cm 春 夏 秋 冬 夜

緑色の金属光沢をしたオサムシ。翅は癒着していて飛べないために種分化が進んでおり、県内に生息するものは亜種カントウアオオサムシとされる。肉食性でミミズなどを食べる。

5月14日 秩父市

オオヒラタシデムシ シデムシ科

2.2〜2.5cm 春 夏 秋 冬

背に粗い筋模様がある。シデムシは漢字で「死出虫」と書き、土葬の墓場に多かったことから。ミミズの死体などに集まる普通種。メスは肉団子を作り地中に埋め、産卵する。

6月3日 入間市

チチブコルリクワガタ クワガタムシ科

0.8〜1.3cm 春 夏 秋 冬

小型のクワガタムシ。金属光沢がある。春先にブナの新芽を傷つけ、滲み出た樹液を摂食する。秩父産のコルリクワガタはチチブの名を冠するようになった。

5月13日 秩父市

スジクワガタ クワガタムシ科

1.8〜3cm 春 夏 秋 冬

コクワガタに似るが小型のオスやメスには上翅に縦条がはっきりと多数入るのでわかりやすい。大型は大アゴの形で区別する。平地から山地にかけての広葉樹林に生息。

7月30日 入間市

コクワガタ　クワガタムシ科

1.8〜4cm　春　夏　秋　冬　夜

クワガタムシではもっとも普通で都市部にも生息。クヌギやヤナギ、アカメガシワなどの樹液に集まり、樹皮の下や洞に潜むことが多い。灯火にも飛来するためマンションのベランダなどで見かけることもある。成虫で越冬する。幼虫は朽木を食べて成長する。

7月17日　嵐山町

ミヤマクワガタ　クワガタムシ科

4.3〜7.2cm　春　夏　秋　冬　夜

比較的寒冷な山間部に多い大型のクワガタムシ。オスの頭部には耳状突起があり冠状になっており、体表に金色の微毛が生える。飼育下では短命なことが多いが、これはケース内の温度と湿度が高すぎることが原因で、良好な環境では1月まで生存した記録がある。

7月3日　秩父市

ノコギリクワガタ　クワガタムシ科

3.6〜7.1cm　春　夏　秋　冬　夜

平地から低山に多い大型のクワガタムシ。6月ころから現れ発生のピークはカブトムシよりも早い。クヌギやヤナギなどの樹液に集まる。夜、灯火にも飛来する。大型のオスは写真のような大あごになるが小型のもの（円内）は湾曲が少なく直線的な大あごになる。

7月17日　嵐山町

センチコガネ　センチコガネ科
1.4～2cm　春 夏 秋 冬

獣糞に集まるコガネムシで体色は青紫、金銅、緑銅などの金属光沢をもつ。　　　4月13日　入間市

オオセンチコガネ　センチコガネ科
1.7～2.2cm　春 夏 秋 冬

センチコガネに似るがより大きく体表の金属光沢の輝きがより強い。
　　　　　　　　　5月25日　秩父市

カブトムシ　コガネムシ科
3～5.5cm　春 夏 秋 冬　夜

日本最大級の甲虫（ヤンバルテナガコガネが1番大きい）。養殖が簡単で、最近はスーパーなどで安価で販売されているが、さいたま市内にも生息している。ただし、購入個体を野外に逃がすことは遺伝子の攪乱につながるため慎まねばならない。夜行性でクヌギなどの樹液によく集まり、灯火にも飛来する。
　　　　　　　左：7月18日　嵐山町　右：7月27日　北本市

コガネムシ　コガネムシ科
1.7〜2.4 cm　春 夏 秋 冬

普通種だが似たものが多く識別は難しい。全身が金属光沢の緑色に輝く。　　　6月26日　羽生市

セマダラコガネ　コガネムシ科
0.8〜1.3 cm　春 夏 秋 冬

黒斑がまだら模様に入ることからの名だが全体に黒いものや黄褐色など変異が多い。　7月3日　秩父市

マメコガネ　コガネムシ科
0.9〜1.3 cm　春 夏 秋 冬

普通種。マメ科の葉を食べる。アメリカに広がり農作物に大きな被害を与えている。　7月12日　羽生市

ドウガネブイブイ　コガネムシ科
1.8〜2.4 cm　春 夏 秋 冬

全身が鈍い銅色。灯火に飛来する。捕まえると泥状のフンをすることがある。　　　9月18日　北本市

カナブン　コガネムシ科
2.3〜2.9 cm　春 夏 秋 冬

クヌギなどの樹液によく集まる。金属光沢がある銅褐色。上翅の継目が三角形。　7月12日　羽生市

クロカナブン　コガネムシ科
2.3〜2.8 cm　春 夏 秋 冬

クヌギなどの樹液に集まる。南方系でカナブンより出現時期がやや遅い。　　　8月28日　秩父市

シロテンハナムグリ　コガネムシ科
`2〜2.5cm` 春 夏 秋 冬

全体に小白点がある。花や樹液に集まる。似たシラホシハナムグリは稀種。　　　　7月18日　羽生市

コアオハナムグリ　コガネムシ科
`1.1〜1.6cm` 春 夏 秋 冬

緑色〜銅色。黄白色の斑紋が入る。花によく集まる普通種。
　　　　　　　　　　6月3日　入間市

クロハナムグリ　コガネムシ科
`1.1〜1.4cm` 春 夏 秋 冬

全体に黒く上翅中央に薄茶色の斑紋があるハナムグリ。花によく集まる。　　　　5月4日　入間市

ヒラタハナムグリ　コガネムシ科
`0.4〜0.6cm` 春 夏 秋 冬

黒く平べったい体に白いまだら模様が入った小型のハナムグリ。類似種がいる。　　　6月12日　北本市

アオマダラタマムシ　タマムシ科
`1.7〜2.9cm` 春 夏 秋 冬 NT

緑色の金属光沢があるタマムシ。幼虫はウメなどの枯木に穿孔して成長する。　7月　北本市（撮影：荒木三郎氏）

ウバタマムシ　タマムシ科
`3〜4cm` 春 夏 秋 冬 NT

大型のタマムシ。古くはタマムシのメスと思われていた。マツ枯木に発生。　　8月　秩父市（撮影：荒木三郎氏）

タマムシ タマムシ科
3.5〜4.2cm 春 夏 秋 冬

平地〜山地の雑木林などに生息。法隆寺の「玉虫厨子」で知られる。全体に緑色の金属光沢があり上翅の赤と緑の縦縞が美しい。サクラやエノキの枯枝に産卵するため、真夏の日中に樹上を飛び回る。捕まえると脚や触角を縮めて擬死行動をとる。昔はタマムシを持っていると着るものに困らないとして、タンスに入れておく風習があった。
6月26日 嵐山町

クズノチビタマムシ タマムシ科
0.3cm前後 春 夏 秋 冬

林縁のクズの葉上に普通。葉の中心に向かってジグザグの食痕が特徴。
7月2日 千葉県

シラホシナガタマムシ タマムシ科
0.9〜1.4cm 春 夏 秋 冬

体長1cmほどのタマムシで渋い緑から青紫の光沢がある。上翅に3対の白斑がある。
6月29日 嵐山町

オオウグイスナガタマムシ タマムシ科
0.65〜0.9cm 春 夏 秋 冬

クヌギやクリのひこばえに見られる。類似種が多く識別は困難。数は少ない。
6月19日 入間市

サビキコリ コメツキムシ科
1.6cm前後 春 夏 秋 冬

錆びたような褐色で、前胸の背に1対の突起がある。動きが鈍い。似た種類が多い。
6月3日 さいたま市

ヒゲナガハナノミ　ナガハナノミ科

0.8～1.2cm　春　夏　秋　冬

オスの触角は櫛状になる。メスは糸状の触角で体色は黒い。水辺に生息。　　　　　6月3日　入間市

ジョウカイボン　ジョウカイボン科

1.4～1.7cm　春　夏　秋　冬

カミキリムシに似るが別種で肉食性。葉や花の上で獲物を待ち構える。普通種。　　　5月3日　寄居町

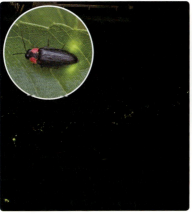

ゲンジボタル　ホタル科

1.2～1.8cm　春　夏　秋　冬　VU　夜

ヘイケボタルの倍ほどと大きく、光も強く明るい。点滅間隔は約4秒。各地で放流される。　6月19日　茨城県

ヘイケボタル　ホタル科

0.7～1cm　春　夏　秋　冬　NT　夜

ゲンジボタルよりはるかに小さく、光も弱く点滅が早い。前胸部の赤い部分の中央に太くて黒い縦筋がよく目立つ。水田など止水に生息するため身近な昆虫であったが、圃場整備や農薬などの環境変化の影響が大きく、減少の度合いが激しい。幼虫はカワニナ以上に止水に多いモノアラガイやタニシなどを主食としている。

6月25日　寄居町

オオオバボタル　ホタル科

0.7～1.2cm　春　夏　秋　冬

ヘイケボタルに似る。昼行性。成虫は羽化直後の短期間のみ発光する。　　　　　7月3日　秩父市

115

スジグロボタル　ホタル科
0.6〜0.8cm　春 夏 秋 冬　NT

赤色の上翅に黒い筋が入ったホタルの仲間で湿地に生息する。幼虫は半水生。　　6月19日　入間市

アリモドキカッコウムシ　カッコウムシ科
0.7〜1cm　春 夏 秋 冬

肉食性で、木材の穿孔害虫であるキクイムシを食べるので益虫とされる。　　　　6月22日　秩父市

ヨツボシオオキスイ　オオキスイムシ科
1.1〜1.5cm　春 夏 秋 冬

上翅は金属光沢のある銅色、2対の黄色紋がある。ムナビロオオキスイに酷似。　　7月17日　嵐山町

ヨツボシケシキスイ　ケシキスイ科
0.7〜1.4cm　春 夏 秋 冬

黒い体色の上翅に2対の赤色の斑紋。樹液に集まる。普通種で県内に広く分布。　　6月3日　入間市

シロトホシテントウ　テントウムシ科
0.5〜0.6cm　春 夏 秋 冬

上翅に10個の白斑が4・4・2の3列に並ぶ。植物のうどんこ病菌を食べる益虫。　　7月3日　秩父市

シロジュウシホシテントウ　テントウムシ科
0.4〜0.6cm　春 夏 秋 冬

黄褐色の上翅に2・6・4・2と14個の白い斑紋が入った小さなテントウムシ。　　5月18日　小鹿野町

ヨツボシテントウ　テントウムシ科
0.3〜0.4cm　春 夏 秋 冬

赤い上翅に4つの黒い円形の紋が入る。意外と動きが早くアブラムシを食べる。　6月19日　入間市

カメノコテントウ　テントウムシ科
1.1〜1.3cm　春 夏 秋 冬

赤と黒の亀甲紋がある。日本最大級のテントウムシのひとつ。ハムシの幼虫を食べる。　5月8日　寄居町

ヒメカメノコテントウ　テントウムシ科
0.35〜0.5cm　春 夏 秋 冬

模様は前種に似るが大きさは3分の1ほどしかない小さなテントウムシ。　5月8日　寄居町

ナミテントウ　テントウムシ科
0.7〜0.8cm　春 夏 秋 冬

普通種。模様に変異があり、写真は赤地に黒斑だが、黒地に赤斑、無紋などがある。　6月29日　嵐山町

ナナホシテントウ　テントウムシ科
0.8cm前後　春 夏 秋 冬

上翅に7つの黒斑、日本全土でごく普通に見られる。テントウムシ科共通で成虫越冬。　5月4日　入間市

アイヌテントウ　テントウムシ科
0.5cm前後　春 夏 秋 冬　

ナナホシテントウに似るがやや小型で黒斑が9つある。河川敷で見られるが分布は局所的。10月24日　長瀞町

トホシテントウ　テントウムシ科
`0.6〜0.9cm`　春 夏 秋 冬

赤地に10個の黒い斑紋があるテントウムシ。草食性でカラスウリ類を食草とする。　6月10日　入間市

オオニジュウヤホシテントウ　テントウムシ科
`0.7〜0.8cm`　春 夏 秋 冬

上翅に28の黒紋がある。ジャガイモやナスなどの葉を食べる。類似種が多く同定は困難。　6月29日　嵐山町

キマワリ　ゴミムシダマシ科
`1.6〜2cm`　春 夏 秋 冬

郊外の雑木林などで普通。朽木を好む。楕円形の黒い体で脚が比較的長い。　7月3日　秩父市

マメハンミョウ　ツチハンミョウ科
`1.2〜1.8cm`　春 夏 秋 冬

赤い頭部、胸部と上翅は黒く白い筋が入る。マメ類を食しダイズの害虫。有毒。　9月18日　熊谷市

ヒメツチハンミョウ　ツチハンミョウ科
`0.7〜2.3cm`　春 夏 秋 冬

写真は成虫。前翅が短く大きな腹部が目立つ。古来より毒薬の原料とされた。　5月1日　小鹿野町

アオカミキリモドキ　カミキリモドキ科
`1.1〜1.5cm`　春 夏 秋 冬

頭部と胸部がオレンジ色、前翅が青緑色。花に集まる。体液に触れると炎症をおこす。　6月19日　入間市

ノコギリカミキリ　カミキリムシ科
2.3〜4.8cm　春 夏 秋 冬

鋸の刃のようにギザギザした触角を持つ。夜行性で灯火にも飛来する。　　8月15日　入間市

カラカネハナカミキリ　カミキリムシ科
0.8〜1.5cm　春 夏 秋 冬

上翅には赤味を帯びた緑色の金属光沢、足の一部が黄褐色。山地性で花に集まる。　6月22日　秩父市

アカハナカミキリ　カミキリムシ科
1.2〜2.2cm　春 夏 秋 冬

平地〜山地に普通。6月頃から発生するが、真夏によく見かける。様々な花に集まる。　7月30日　入間市

ツマグロハナカミキリ　カミキリムシ科
1.2〜1.8cm　春 夏 秋 冬

頭部と胸部が黒、上翅が黄褐色。有毒のジョウカイボンに似る。平地の河川敷などに多い。　5月15日　入間市

ヨツスジハナカミキリ　カミキリムシ科
1.3〜2cm　春 夏 秋 冬

黒い上翅に4つの黄褐色の筋が入る。平地〜亜高山帯までごく普通に見られる。　7月24日　小鹿野町

フタスジハナカミキリ　カミキリムシ科
1.4〜2cm　春 夏 秋 冬

黄褐色の上翅に名前のとおり黒い筋が2本入ったハナカミキリの仲間。　　7月6日　小鹿野町

ミヤマカミキリ　カミキリムシ科

3.4〜5.7cm　春 夏 秋 冬　夜

大型のカミキリムシ。元来の体色は黒いが、短毛が密生しているため黄褐色に見える。

7月　北本市（撮影：荒木三郎氏）

アカアシオオアオカミキリ　カミキリムシ科

1.5〜3cm　春 夏 秋 冬　NT 夜

夜行性でクヌギの樹液に集まり、灯火にも飛来する。捕まえると柑橘系の匂いがする。

9月13日　嵐山町

ルリボシカミキリ　カミキリムシ科

1.6〜3cm　春 夏 秋 冬

体色は水色、上翅に3対の黒い斑紋が入る。ブナやクルミ、カエデなどの広葉樹の林に生息しており、それらの枯れ木や倒木などに産卵する。本来は山地に多い種だが、近年平地にも進出する傾向にある。

6月29日　嵐山町

ヘリグロベニカミキリ カミキリムシ科

1.2～2cm 春 夏 秋 冬

ベニカミキリに似るが上翅端付近に1対の黒点が入るのが特徴。

6月22日　秩父市

スギカミキリ カミキリムシ科

1～2.7cm 春 夏 秋 冬

黒褐色の上翅に2対の黄褐色斑。スギを食害し林業の害虫とされる。

5月3日　寄居町

エグリトラカミキリ カミキリムシ科

0.9～1.3cm 春 夏 秋 冬

クロトラカミキリと酷似。上翅の先端が棘状に突出する点で識別可。

6月10日　入間市

キイロトラカミキリ カミキリムシ科

1.3～2.1cm 春 夏 秋 冬

各種広葉樹の枯木に発生。色合いには個体差がある。県内に普通。

6月19日　入間市

キスジトラカミキリ カミキリムシ科

1～1.8cm 春 夏 秋 冬

平地でも見られる普通種。クリなどの花に集まる。各種広葉樹で発生。

7月21日　秩父市

カタジロゴマフカミキリ カミキリムシ科

1.5～1.7cm 春 夏 秋 冬

平地～山地に広く分布する普通種。広葉樹の枯木や伐採枝に集まる。

7月10日　入間市

ナガゴマフカミキリ　カミキリムシ科
1.3〜2.2cm　春　夏　秋　冬

イチジクなど各種広葉樹の枯木で普通に見られる。幼虫がシイタケの榾木を食べるので害虫とされる。

7月27日　北本市

アトジロサビカミキリ　カミキリムシ科
0.8〜1.1cm　春　夏　秋　冬

体色は全体に黒褐色で上翅の後半部に白い部分がある。類似種が多く識別は困難。雑木林などで普通に見られる。

6月12日　北本市

アトモンサビカミキリ　カミキリムシ科
0.7〜1cm　春　夏　秋　冬

暗褐色〜黒色の体色。上翅の条は小さなコブが連なり、尾端に白い紋がある。広葉樹の枯枝に集まる。普通種。

5月8日　寄居町

ナカジロサビカミキリ　カミキリムシ科
0.8〜1cm　春　夏　秋　冬

上翅の真ん中あたりが白く、鳥の糞への擬態と考えられる。県内に広く分布する普通種で、発生時期も長い。

8月30日　北本市

ハイイロヤハズカミキリ　カミキリムシ科
1.1〜1.9cm　春　夏　秋　冬

タケ類を食樹とする。全身灰褐色で翅端が矢筈形。冬期に羽化し材の中でそのまま越冬する。

6月12日　北本市

122

シラフヒゲナガカミキリ　カミキリムシ科

`2.2～3.8cm` 春 夏 秋 冬

亜高山帯の針葉樹林に生息。マツ科の衰弱木・枯死木に発生する。本州と四国のみ記録がある。

6月22日　秩父市

ヒメヒゲナガカミキリ　カミキリムシ科

`1～1.8cm` 春 夏 秋 冬

平地～亜高山帯のブナ林まで広く生息。触角が長くオスでは体長の3倍ほどになる。

6月3日　さいたま市

ゴマダラカミキリ　カミキリムシ科

`2.5～3.5cm` 春 夏 秋 冬

黒い体に白い斑点が散らばったカミキリムシ。柑橘類やイチジクの木に発生するため人家の周辺でも多く見られる。　7月10日　久喜市

ビロウドカミキリ　カミキリムシ科

`1.2～2.5cm` 春 夏 秋 冬

体色は茶褐色、淡黄褐色のビロード状の微毛がある。ニセビロウドカミキリと酷似するが触角が長い。

7月30日　入間市

123

キボシカミキリ　カミキリムシ科
1.4〜3cm　春 夏 秋 冬

クワの木を食害するので、過去には養蚕の大害虫とされていた。県内に広く分布するが、養蚕業の衰退により減少傾向。古い時代の移入種である可能性が指摘されている。

7月10日　北本市

クワカミキリ　カミキリムシ科
3.6〜4.5cm　春 夏 秋 冬

クワの木で見られるがイチジクやヤナギなどにも集まる。黒色の体に灰黄色の微毛が密生する。近年、植樹ケヤキの若木への食害が報告され問題化している。

7月　上尾市（撮影：荒木三郎氏）

シロスジカミキリ　カミキリムシ科
4.5〜5.2cm　春 夏 秋 冬　NT

日本に生息するカミキリムシでは最大種。上翅の黄色みを帯びた模様は死後に白く変色する。

8月　上尾市（撮影：荒木三郎氏）

トゲバカミキリ　カミキリムシ科
0.8〜1.3cm　春 夏 秋 冬

上翅に1対のトゲがあることから「トゲバ」。上翅には小黒斑があり黒帯が2本入るが変異が多い。

6月29日　嵐山町

ラミーカミキリ　カミキリムシ科
0.8~1.7cm　春　夏　秋　冬　外

幕末頃に中国から輸入したラミーという植物について日本に入った。カラムシが生えている場所に普通。

6月29日　嵐山町

シラホシカミキリ　カミキリムシ科
0.8~1.3cm　春　夏　秋　冬

平地～山地に広く生息する。各種広葉樹を食樹とし、成虫は葉の真ん中に細い穴を開けた食痕を残す。

6月12日　北本市

ヨツキボシカミキリ　カミキリムシ科
0.8~1.1cm　春　夏　秋　冬

平地～山地に広く分布し、人家周辺でも見られる。植樹はヌルデやヤマウルシ。成虫は裏側から葉の葉脈を食べる。

7月24日　秩父市

シラハタリンゴカミキリ　カミキリムシ科
1.3~1.9cm　春　夏　秋　冬

黒と黄色で細くスマート。上翅は肩の部分まで黒く、会合部だけが四角く黄色。類似種が多い。食樹はスイカズラ。

6月10日　入間市

125

ジンガサハムシ ハムシ科
0.9〜1 cm　春 夏 秋 冬

透明な薄板の中の胸部や上翅が金色に光る。死後には透明な部分は褐変する。　　　6月19日　入間市

イチモンジカメノコハムシ ハムシ科
0.8〜0.9 cm　春 夏 秋 冬

翅の外縁部が透明。ムラサキシキブの木に集まる。類似種が多い。
　　　　　　　　4月30日　入間市

キクビアオハムシ ハムシ科
0.65 cm前後　春 夏 秋 冬

頭部と上翅が金属光沢の緑、胸部と足が橙赤色のハムシ。サルナシなどの葉を食す。　5月13日　秩父市

イタドリハムシ ハムシ科
0.75 cm前後　春 夏 秋 冬

黒に朱色の斑紋が目立つ。イタドリの葉上などでごく普通に見られる。　　　　　5月3日　寄居町

クロウリハムシ ハムシ科
0.6〜0.7 cm　春 夏 秋 冬

カラスウリなどの葉を食草とするが、ウリ科の野菜も食害する農業害虫。普通種。　6月29日　嵐山町

アトボシハムシ ハムシ科
0.5〜0.6 cm　春 夏 秋 冬

前翅は淡黄色で1対の黒斑がある。黒斑が3つになる個体もいる。食草はカラスウリ。　5月21日　小鹿野町

ヨツボシナガツツハムシ　ハムシ科

0.9 cm前後　春　夏　秋　冬

上翅に大小4つの黒い斑紋がある。ハギ類に多く見られる。幼虫はヤマアリ類の巣内で成長する。

7月6日　小鹿野町

クロボシツツハムシ　ハムシ科

0.5 cm前後　春　夏　秋　冬

赤い体色で上翅に黒紋が入る。雑木林などのクヌギやクリなどに集まる。体色に変異があり、全身が黒い個体もいる。

5月3日　寄居町

ツツジコブハムシ　ハムシ科

0.3 cm前後　春　夏　秋　冬

ツツジ類の葉上で見られる。昆虫のフンを擬態していると考えられる。ムシクソハムシに酷似するが体の幅が広い。

9月29日　三郷市

クロトゲハムシ　ハムシ科

0.4〜0.5 cm　春　夏　秋　冬

全身が鋭い棘に覆われる。食草ススキ。クロルリトゲハムシと酷似するが上翅側面の棘が長い。

9月5日　さいたま市

ヤマイモハムシ　ハムシ科

0.5〜06 cm　春　夏　秋　冬

頭部と胸部が赤、前翅が暗藍色で光沢がある。林縁などに多い普通種で食草はヤマノイモ。成虫越冬する。

6月29日　嵐山町

キベリクビボソハムシ　ハムシ科
0.5～0.6 cm　春 夏 秋 冬

上翅および胸部に2対の斑紋があるタイプが多いが変異が大きく、無紋のものも出現。食草はヤマノイモ。

7月27日　北本市

キイロクビナガハムシ　ハムシ科
0.7～0.8 cm　春 夏 秋 冬

生体の全身は赤く、死後も暗赤色になり黄色ではない。クビボソハムシ亜科に分類される。食草はヤマノイモ。

6月10日　入間市

エグリコブヒゲナガゾウムシ　ヒゲナガゾウムシ科
0.5～0.6 cm　春 夏 秋 冬

前胸部がくびれ、背中には1対のコブ状突起がある。体色は樹皮にまぎれる保護色。あまり見かけない。

7月4日　小鹿野町

エゴヒゲナガゾウムシ　ヒゲナガゾウムシ科
0.5 cm前後　春 夏 秋 冬

エゴの実を好む。正面からの頭部が牛の顔のように見える（写真奥）。平地にも普通に見られる。

7月25日　北本市

カオジロヒゲナガゾウムシ　ヒゲナガゾウムシ科
0.7～0.9 cm　春 夏 秋 冬

広葉樹の枯木に見られる。ヒゲナガゾウムシ科に共通するずんぐりとした体形。全国に分布する。

7月25日　北本市

セマルヒゲナガゾウムシ　ヒゲナガゾウムシ科

1cm前後　春　**夏**　秋　冬

広葉樹の枯木に見られる。県内では毛呂山町などの記録がある。目立たないが広く生息すると思われる。

7月4日　小鹿野町

ウスモンオトシブミ　オトシブミ科

0.6cm前後　春　**夏**　秋　冬

黄褐色の上翅の周囲が濃褐色。キブシを好むが、ゴンズイやエゴノキにも集まる。揺籃は葉に残すことが多い。

6月25日　小鹿野町

ヒメクロオトシブミ　オトシブミ科

0.4〜0.5cm　春　**夏**　秋　冬

林縁部などで普通に見られる。フジやバラなど様々な植物に揺籃を作る。脚が黒いタイプと黄褐色のタイプがある。

7月23日　北本市

ヒゲナガオトシブミ　オトシブミ科

0.8〜1.2cm　**春**　夏　秋　冬

赤褐色から暗赤褐色で、オスは触角が長く頭部も長い（写真はメス）。コブシやイタドリの葉に揺籃を作る。

5月21日　小鹿野町

シロコブゾウムシ　ゾウムシ科

1.5〜1.7cm　春　**夏**　秋　冬

全体が灰白色、前翅の後ろにコブがあるのが特徴。ヒメシロコブゾウムシと酷似。捕らえると擬死行動をとる。

6月3日　入間市

129

コフキゾウムシ ゾウムシ科

0.4〜0.6 cm 春 夏 秋 冬

体色は黒いが粉をふいたように淡緑色の鱗片で覆われている。クズやハギなどのマメ科植物を食草とする普通種。

6月10日 入間市

オジロアシナガゾウムシ ゾウムシ科

0.6 cm前後 春 夏 秋 冬

白黒のツートンカラーが特徴。食草はクズ。捕まえると擬死行動をとり、脚を縮めて動かなくなる。

7月3日 秩父市

ハスジカツオゾウムシ ゾウムシ科

1.1 cm前後 春 夏 秋 冬

類似種が多く、上翅に灰白色の斜めの線があることで識別。アザミやヨモギなどでごく普通に見られる。

7月27日 北本市

エゴシギゾウムシ ゾウムシ科

0.6〜0.7 cm 春 夏 秋 冬

口吻が鳥のシギのように長いシギゾウムシの仲間。エゴノキに集まる。体色は黒く、上翅に白帯が入る。

6月19日 入間市

オオゾウムシ ゾウムシ科

1.2〜2.4 cm 春 夏 秋 冬

日本のゾウムシの仲間では最大級。雑木林の樹液に来るほか、灯火にも飛来する。長命で数年間生きる。

5月4日 入間市

アブラゼミ　セミ科

5.5〜6cm　春 夏 秋 冬

都市部でもごく普通に見られるが、地域によっては激減している。翅に色がついたセミは世界的に珍しい。

7月30日　入間市

ニイニイゼミ　セミ科

♂ 3.2〜3.8cm
♀ 3.4〜3.9cm　春 夏 秋 冬

迷彩服のような翅は樹肌に溶け込み見つけづらい。平地では夏一番に鳴き出す小型のセミ。

8月13日　北本市

ヒグラシ　セミ科

4.1〜5cm　春 夏 秋 冬

早朝や夕暮れなど薄暗いときに金属的な声でカナカナカナと鳴く。前胸の縁や中央に緑色の部分がある。

7月27日　北本市

ツクツクボウシ　セミ科

4.1〜4.7cm　春 夏 秋 冬

夏の終わりから秋にかけて見られる。平地から山地に普通に生息。法師蝉ともいわれる。

9月17日　さいたま市

131

ミンミンゼミ　セミ科
5.5〜6.3 cm　春 夏 秋 冬

「ミーン、ミーン…」という鳴き声で知られるセミ。北海道の屈斜路湖が分布の北限。

8月28日　秩父市

エゾハルゼミ　セミ科
♂ 4.0〜4.3 cm
♀ 3.7〜4.1 cm　春 夏 秋 冬

エゾと名前につくが日本全土に生息し、晩春から初夏に出現するセミ。県内では秩父の山に生息。

6月22日　秩父市

マルカメムシ　マルカメムシ科
0.5 cm前後　春 夏 秋 冬

主にクズやフジに集まる。洗濯物についていることがある。悪臭を持つ。　5月14日　長瀞町

チャバネアオカメムシ　カメムシ科
1.1 cm前後　春 夏 秋 冬

黄緑色に翅が茶色をしたカメムシで雑木林の周辺などで見られる。

6月3日　さいたま市

ナガメ　カメムシ科
0.7〜0.9 cm　春 夏 秋 冬

橙赤色の模様が近似種ヒメナガメと異なる。アブラナ科の花を好む。　5月5日　北本市

132

アカスジキンカメムシ　キンカメムシ科
1.7〜2cm　春　夏　秋　冬

鮮やかな金緑色に赤い模様の大型美麗種。雑木林の林縁などで見られる。　6月5日　さいたま市

エサキモンキツノカメムシ　ツノカメムシ科
1〜1.4cm　春　夏　秋　冬

背中のハート型の模様が目立つ。ミズキを好み、メスは産んだ卵を守る習性がある。　7月24日　秩父市

セアカツノカメムシ　ツノカメムシ科
1.4〜1.9cm　春　夏　秋　冬

平地から山間部で普通に見られる。オスのハサミ状の突起は交尾時にメスを挟み込む。　7月6日　小鹿野町

ハリカメムシ　ヘリカメムシ科
1.1〜1.2cm　春　夏　秋　冬

全体に褐色でホソハリカメムシに似るが本種のほうが肩の突出がより強い。　5月4日　入間市

ノコギリカメムシ　ノコギリカメムシ科
1.2〜1.6cm　春　夏　秋　冬

腹部の外縁が鋸刃状にギザギザしている。カラスウリなどのウリ科植物につく。　6月19日　入間市

モンシロナガカメムシ　ナガカメムシ科
0.7〜0.8cm　春　夏　秋　冬

類似種が多い。イネやダイズにつくので害虫とされる。北海道には分布しない。　9月5日　さいたま市

133

ヒメジュウジナガカメムシ　マダラナガカメムシ科
`0.8～0.9cm` 春 夏 秋 冬

鮮やかな朱色の体に黒斑が入りよく目立つ。ジュウジナガカメムシに酷似する。　　7月18日　久喜市

ツチカメムシ　ツチカメムシ科
`0.7～1cm` 春 夏 秋 冬

光沢のある黒色のカメムシ。落葉の下や地中などで、小果実や根などを食す。　　7月6日　小鹿野町

ヨコヅナサシガメ　サシガメ科
`1.6～2.4cm` 春 夏 秋 冬

前翅の周りの白黒模様が目立つ大型のサシガメ。昆虫などの体液を吸う肉食性。　　5月5日　北本市

シマサシガメ　サシガメ科
`1.3～1.6cm` 春 夏 秋 冬

ヨコヅナサシガメに似るがやや細身で、脚まで白黒模様になる点が異なる。　　6月19日　入間市

アカマキバサシガメ　マキバサシガメ科
`1cm前後` 春 夏 秋 冬

前脚が太く、全体に細い毛が密生する。全体に赤っぽく見える。葉上で見ることが多い。　　5月8日　寄居町

スケバハゴロモ　ハゴロモ科
`0.9～1cm` 春 夏 秋 冬

雑木林の周辺でよく見られる。透明な翅が特徴。様々な植物から吸汁する。　　7月27日　北本市

134

ベッコウハゴロモ　ハゴロモ科
0.9〜1.1cm　春　夏　秋　冬

褐色の翅に2本の白い線があるハゴロモ。クズの葉などでよく見かける普通種。　7月27日　北本市

アミガサハゴロモ　ハゴロモ科
1〜1.3cm　春　夏　秋　冬

全体に暗褐色で、前翅前縁中央に白斑が入る。羽化直後は緑色の粉を纏う。　7月27日　北本市

アオバハゴロモ　アオバハゴロモ科
0.9〜1.1cm　春　夏　秋　冬

全身が淡い緑色で小型。イチジク、フジなどから吸汁。群れていることが多い。　9月3日　北本市

ツマグロオオヨコバイ　オオヨコバイ科
1.3cm前後　春　夏　秋　冬

頭部と胸部に黒点がある。葉の裏に隠れるときに横に動く。普通に見られる。　5月14日　飯能市

アワダチソウグンバイ　グンバイムシ科
0.3〜0.4cm　春　夏　秋　冬　外

北米原産の外来種。主にセイタカアワダチソウにつくが、ナスやサツマイモも食害する。　5月12日　滑川町

ツツジグンバイ　グンバイムシ科
0.4cm前後　春　夏　秋　冬

サツキなどのツツジ科の園芸種を好む。日本原産だが、ヨーロッパ〜北米まで拡散。　9月29日　三郷市

ナシグンバイ　グンバイムシ科

0.3cm前後　春 夏 秋 冬

近似種が多い（日本国内で27種）。ナシやモモを好み害虫とされる。
9月14日　三郷市

ヘクソカズラグンバイ　グンバイムシ科

0.3cm前後　春 夏 秋 冬　

インド・東南アジア原産の外来種。1996年大阪で初確認。胸部に風船状の突起がある。9月5日　さいたま市

アカハネナガウンカ　ハネナガウンカ科

0.4cm前後　春 夏 秋 冬

ススキなどのイネ科につく。秋に多い。白い複眼に黒い偽瞳孔がある。
7月25日　北本市

ハラヒシバッタ　バッタ科

♂ 0.8～1cm
♀ 0.9～1.35cm　春 夏 秋 冬

1cm前後の小さなバッタ。類似種が極めて多い。県内でも広く見られる。
9月17日　さいたま市

ヒロバネヒナバッタ　バッタ科

♂ 2.3～2.8cm
♀ 2.5～3cm　春 夏 秋 冬

低山地に多い。オスは黒みが強く腹部後方が赤くなる。ヒナバッタに似る。
7月6日　小鹿野町

イボバッタ　バッタ科

♂ 2.4cm前後
♀ 3.5cm前後　春 夏 秋 冬

褐色に暗褐色のまだら模様で、胸部背面にいぼ状の突起がある。平地の草原に普通。
8月28日　秩父市

トノサマバッタ　バッタ科

河原や草原に生息する大型種。クルマバッタに似るが前胸の背を横から見たときに盛り上がらないでほぼ平らなのが本種。後翅は透明。単独生活の個体は緑色、群生するものは褐色になる。9月4日　さいたま市

クルマバッタ　バッタ科

飛ぶと後翅に車輪のように見える模様がある。山地〜丘陵地の草地に多い。トノサマバッタと似るが、やや小型。近年減少傾向にあり、埼玉県レッドデータブック準絶滅危惧種。
9月28日　熊谷市

クルマバッタモドキ　バッタ科

県内に広く生息する普通種。胸部の背面にX字状の白い紋がある。荒れ地を好む。褐色型と緑色型があり、褐色型のほうが多い。クルマバッタより小さく、背の隆起も弱い。
9月19日　熊谷市

カワラバッタ　バッタ科

石のゴロゴロした河原を好む。体色が灰色、飛んで石の上に止まると保護色になって見つけづらい。後翅は鮮やかな青色。県内では生息場所が減っているが荒川などで見られる。
9月13日　長瀞町

ショウリョウバッタ バッタ科

♂ 4〜5 cm
♀ 7.5〜8 cm
春 夏 秋 冬

明るい草原で見られる大型種で、体色は緑〜褐色。メスはオスの倍ほどの大きさがある。オスはキチキチバッタと呼ばれる。

8月15日　入間市

ショウリョウバッタモドキ バッタ科

♂ 2.7〜3.5 cm
♀ 4.5〜5.7 cm
春 夏 秋 冬　NT

ショウリョウバッタに似るが足が短く、静止状態では後ろ足を開かない。埼玉県レッドデータブック準絶滅危惧種。

9月28日　熊谷市

ツチイナゴ バッタ科

♂ 4.5〜5.5 cm
♀ 5〜7 cm
春 夏 秋 冬

幼虫期は黄緑色で、秋に成虫になると黄褐色に変わりそのまま越冬する。眼下に黒い筋が入る。県内に普通。

7月27日　北本市

コバネイナゴ バッタ科

♂ 1.6〜3.3 cm
♀ 1.8〜4 cm
春 夏 秋 冬

翅は短めで腹端を越えることは少ない。近似種ハネナガイナゴ。水田やヨシの茂った湿地などを好む。

9月25日　北本市

セグロイナゴ バッタ科

♂ 23.5 cm前後
♀ 2.6〜4 cm
春 夏 秋 冬　NT

全体に茶褐色。前胸の背は黒褐色で淡黄色の縁取りがある。分布はやや局所的。近年各地で急激に減少している。

9月19日　熊谷市

ヤマトフキバッタ　バッタ科

♂ 2.2〜2.8cm
♀ 2.7〜3.8cm　春 夏 秋 冬

丘陵地〜山地に生息。成虫も翅が短い。フキバッタ類は地域分化が進み識別が困難。　7月30日　入間市

オンブバッタ　オンブバッタ科

♂ 2〜2.5cm
♀ 4〜4.2cm　春 夏 秋 冬

人家の庭などでも見られる普通種。メスが大きく、オスを背中に乗せていることがある。　8月15日　入間市

ヤブキリ　キリギリス科

♂ 4.5〜5.2cm
♀ 4.7〜5.8cm　春 夏 秋 冬　夜

薄暗い藪を好む。背に褐色の筋が入る。幼虫期は花粉を食べるが成虫は肉食。　7月17日　嵐山町

クサキリ　キリギリス科

2.4〜3cm　春 夏 秋 冬　夜

緑色型と褐色型がある。湿った草地で見られる。夜間にジーと鳴く。　9月13日　秩父市

ウスイロササキリ　キリギリス科

♂ 1.3〜1.8cm
♀ 2.8〜3.3cm　春 夏 秋 冬

体は淡い黄緑色もしくは褐色で翅は褐色。河川敷などの草地で日中鳴く。　9月19日　熊谷市

ホシササキリ　キリギリス科

1.3〜1.7cm　春 夏 秋 冬

ササキリの仲間では最小。緑色型と褐色型がいる。日当りのいい草地や荒れ地にいる。　8月15日　入間市

139

セスジツユムシ　キリギリス科

1.3〜2.2cm　春 夏 秋 冬　夜

背にオスでは橙褐色、メスでは黄白色の縦筋が入る。緑色型と褐色型がある。　　　8月15日　入間市

ヒメギス　キリギリス科

♂1.7〜2.6cm　♀1.7〜2.7cm　春 夏 秋 冬

全身が黒褐色で胸部に白線が入る。湿った草地を好む。近似種が多い。
　　　　　　　　　　　7月10日　北本市

ヒガシキリギリス　キリギリス科

♂2.6〜4.2cm　♀2.5〜4cm　春 夏 秋 冬　NT

従来キリギリスといわれていたものが、青森県から岡山県に分布するものはヒガシキリギリス、近畿地方から九州のものはニシキリギリスと2種に分けられるようになった（近畿地方では混棲）。日当りのいい河原や草原に生息し、「チョンギース」という鳴き声はよく知られている。古くは「こほろぎ」と呼ばれていた。
　　　　　　　　　　　9月19日　熊谷市

クツワムシ　キリギリス科

5〜5.3cm　春 夏 秋 冬　EN　夜

大型種で体高が高くずんぐりとした体つきをしており頭部が大きい。褐色型と緑色型がある。林縁や丈の高い草原に生息するが特にクズの葉を好む。夜間に「ガチャガチャ」と騒々しい大きな声で鳴く。名の由来はこの声が馬の轡がたてる音に似ることから。ガチャガチャという別名がある。

9月　北本市　（撮影：荒木三郎氏）

エンマコオロギ　コオロギ科

♂ 2.9〜3.5 cm　♀ 3.3〜3.5 cm　春 夏 秋 冬　夜

県内に広く分布する大型種。頭部の模様が閻魔様のように見える。

9月17日　さいたま市

ツヅレサセコオロギ　コオロギ科

1.6 cm 前後　春 夏 秋 冬　夜

人家周辺で普通。最も秋遅くまで見られる。「リーリーリー」と鳴く。

9月10日　秩父市

マダラスズ　ヒバリモドキ科

0.7 cm 前後　春 夏 秋 冬

カワラスズに酷似するが翅の基部が白くない。荒れ地などに普通。

10月4日　長瀞町

マダラカマドウマ　カマドウマ科

2.9 cm 前後　春 夏 秋 冬　夜

人家の床下や雑木林などで見られる。肉食性の強い雑食。

8月30日　北本市

ナナフシモドキ　ナナフシ科

♂ 6 cm 前後　♀ 8〜10 cm　春 夏 秋 冬

県内にごく普通。木の枝に擬態しており目立たない。俗称ナナフシ。

7月24日　秩父市

トビナナフシ　ナナフシ科

♂ 3.6〜4 cm　♀ 4.6〜5.7 cm　春 夏 秋 冬

翅があって飛ぶ。別名ニホントビナナフシ。ほとんどがメスで単為生殖する。

10月9日　横瀬町

オオカマキリ　カマキリ科
`6.8〜9.5cm` 春 夏 秋 冬

カマキリ（チョウセンカマキリ）に似るが後翅が全体的に紫褐色を帯びるのが特徴。　8月15日　入間市

ハラビロカマキリ　カマキリ科
`4.5〜7cm` 春 夏 秋 冬

体形が太い。通常は緑色型だが褐色型も出現。南方系で北海道には分布しない。　8月30日　北本市

ウスバカマキリ　カマキリ科
`5〜6cm` 春 夏 秋 冬

河原などの明るい草原に生息する。分布域は広いが局所的で、県内でも希少種。ハラビロカマキリに似るが、全体に細身で色が淡い。体色が淡緑色のタイプが多いが、淡褐色のものもある。前脚の内側の基部に黒斑またはリング状斑があることが特徴。世界的にはユーラシア大陸に広く分布している。

9月19日　熊谷市

コカマキリ　カマキリ科
`4〜6.5cm` 春 夏 秋 冬

前足の内側中程に黒い部分があるのが特徴。体色は普通は褐色だが緑色もいる。　9月18日　熊谷市

オオスズメバチ　スズメバチ科
`2.7〜4.5cm` 春 夏 秋 冬

日本産のハチで最大種。毒性も強いので注意が必要。特に秋には攻撃性が強まる。　7月3日　秩父市

142

コガタスズメバチ　スズメバチ科
`2.1～2.9cm` 春 夏 秋 冬

オオスズメバチに似るが、頭部正面の頭盾の形が異なる。巣は樹上に作ることが多い。　7月8日　東京都

キイロスズメバチ　スズメバチ科
`1.7～2.6cm` 春 夏 秋 冬

巣は大きく球状。平地～低山帯に分布する普通種。樹液、花、腐熟果に集まる。　5月21日　小鹿野町

モンスズメバチ　スズメバチ科
`1.9～2.8cm` 春 夏 秋 冬

腹部の模様が波状になる。樹液に集まる。幼虫の餌としてセミを好んで狩る。　7月30日　北本市

ヒメスズメバチ　スズメバチ科
`2.5～3.5cm` 春 夏 秋 冬

縞模様を持つスズメバチの中で唯一腹端が黒い。アシナガバチの巣を襲う。　6月26日　羽生市

チャイロスズメバチ　スズメバチ科
`1.7～3.2cm` 春 夏 秋 冬　VU

頭部と胸部が赤褐色で腹部が黒いので他のスズメバチとの区別は容易。数は少ない。　9月13日　秩父市

クロスズメバチ　スズメバチ科
`1～1.6cm` 春 夏 秋 冬

黒い体色に白っぽい縞模様が入る小型種。幼虫は蜂の子として食用にされる。　6月26日　羽生市

キアシナガバチ　スズメバチ科
1.8〜2.4cm　春 夏 秋 冬

セグロアシナガバチに似るが背の黄色がより鮮やか。比較的山地に多い。　　　6月12日　北本市

コアシナガバチ　スズメバチ科
0.9〜1.1cm　春 夏 秋 冬

小型種で体色は黒、斑紋は黄色と赤褐色。平地〜山地まで広く分布。
7月18日　羽生市

スズバチ　ドロバチ科
1.7〜2.7cm　春 夏 秋 冬

大型種。泥で壺形の巣を作る。シャクガの幼虫（シャクトリムシ）を狩る。　　　7月3日　秩父市

ニホンミツバチ　ミツバチ科
1.2〜1.3cm　春 夏 秋 冬

もともと日本にいたミツバチで、セイヨウミツバチに比べると腹部全体が黒っぽい。　撮影：荒木三郎氏

セイヨウミツバチ　ミツバチ科
1.2〜1.3cm　春 夏 秋 冬　外

養蜂のために移入された外来種。スズメバチに対して無防備で、野生化できない。　　8月30日　北本市

キムネクマバチ　コシブトハナバチ科
2.3cm前後　春 夏 秋 冬

性質は温和。メスは枯木に穴をあけて営巣する。春先にオスはなわばりを占有飛翔する。　5月4日　入間市

144

クロオオアリ　アリ科
0.7〜1.2cm　春 夏 秋 冬

黒色の大きなアリで、腹部には褐色の毛が生えている。住宅地などでも見られる。　　9月3日　北本市

ムネアカオオアリ　アリ科
0.7〜1.2cm　春 夏 秋 冬

胸部が赤褐色で比較的大型。平地〜山地の林で見られる。朽木に営巣する。　　7月24日　秩父市

ビロードツリアブ　ツリアブ科
0.7〜1.1cm　春 夏 秋 冬

体全体がビロード状の毛で覆われ、長い口を持つ。早春の一時期だけ見られる。　　4月6日　所沢市

ホソヒラタアブ　ハナアブ科
0.7〜1.2cm　春 夏 秋 冬

人家の庭でも見られる普通種。様々な花をホバリングをしながら飛び回る。　　6月3日　入間市

シオヤアブ　ムシヒキアブ科
2.2〜3cm　春 夏 秋 冬

肉食性。空中で様々な昆虫を捕らえて体液を吸う。お尻の先が白いのはオス。　　7月30日　入間市

オオイシアブ　ムシヒキアブ科
1.5〜3cm　春 夏 秋 冬

シオヤアブと同様に肉食性。黒とオレンジ色の長い毛に覆われる。　　5月15日　入間市

マダラホソアシナガバエ　アシナガバエ科
0.6 cm　春 夏 秋 冬

青緑色の金属光沢がある細身の小さなハエで足が長い。翅には黒い斑がある。　　　6月15日　北本市

ヤマトシリアゲ　シリアゲムシ科
1.3〜2 cm　春 夏 秋 冬

オスは尾端がクルリと巻き上がる。肉食性。秋に出現するものは褐色みを帯びる。　　　7月3日　秩父市

クロセンブリ　センブリ科
2.3〜2.6 cm　春 夏 秋 冬　NT

幼虫は水生、成虫も水辺で見られる。類似種が多く外見での識別は困難。　　　5月4日　入間市

ミカドガガンボ　ガガンボ科
3〜3.8 cm　春 夏 秋 冬

日本で最も大きなガガンボ。林縁部に多い。幼虫は湿地で土中生活を送る。　　　6月10日　入間市

ヒメカマキリモドキ　カマキリモドキ科
2.3〜2.4 cm　春 夏 秋 冬　VU

鎌状の前足はカマキリに似るがアミメカゲロウ目カマキリモドキ科に属する別種。幼虫は孵化後、クモに取り付いて卵のうに潜り込み、ウジ状に姿を変えて成長する。キカマキリモドキに似るがやや小さい。灯火に飛来したものを見ることが多い。スズメバチに擬態しているという説がある。

7月　北本市（撮影：荒木三郎氏）

ツノトンボ　ツノトンボ科

3〜3.5cm　春 夏 秋 冬

ウスバカゲロウに近縁で触覚が長い。オスは腹部の節が黄色、メスは赤褐色。乾燥した草原に生息する。
　　　　　　　　　8月28日　秩父市

キバネツノトンボ　ツノトンボ科

2〜2.5cm　春 夏 秋 冬　CR

草原や乾いた河原などで見られる。暗褐色の後翅に黄色の線が入る。県の絶滅危惧Ⅰ類。

熊谷市（撮影：荒木三郎）

オオツノトンボ　ツノトンボ科

3cm　春 夏 秋 冬

草原性。夜間灯火によく飛来する。腹部には黒く縁取られた黄紋と白紋が並ぶ。ツノトンボとは複眼が異なる。
　　　　　　　　　6月19日　入間市

ウスバカゲロウ　ウスバカゲロウ科

3.5cm　春 夏 秋 冬

幼虫はアリジゴクとしてよく知られる。成虫は細長い体に透明の翅がありトンボに似る。類似種が多い。
　　　　　　　　　8月13日　北本市

オニバス　スイレン科

8月7日　加須市

1年生の浮水性の水生植物。葉は直径1～2mくらいになり、直径4cmほどの赤紫色の花は葉を突き破って開花する。トゲに覆われた果実には100個ほどの種子が含まれる。葉の両面や果実など全体に大きなトゲが密生し、猛々しい印象から「鬼」の名がある。写真は加須市北川辺町の埼玉県唯一のオニバス自生地のもので加須市の天然記念物に指定されている。全国的にも減少傾向にあり、現在は新潟県新潟市が北限とされる。環境省の絶滅危惧Ⅱ類に指定されている。

コウホネ　スイレン科

葉幅 20～30cm　春 夏 秋 冬　NT

池や川などで見られる多年生の水草。径4～5cmの黄色の花を水上に突き出した花茎に一つつける。花弁のように見えるのは萼片でその内側に花弁がある。漢字では河骨と書き、骨のように白くごつごつしている水中の根茎の様子からの命名。観賞用に栽培されることがある。

6月12日　北本市

セイヨウスイレン　スイレン科

葉幅 25cm　春 夏 秋 冬　外

鑑賞目的で品種改良された園芸種。花色には赤、ピンク、白、黄色などがある。葉は円形から広楕円形で水面に浮かぶ。県内各地の公園や庭園の池などに植えられるが、野生化して問題となるケースもある。在来種でスイレン属のものはヒツジグサのみで、「スイレン」という植物はない。

6月26日　羽生市

ドクダミ　ドクダミ科

30～50cm　春 夏 秋 冬

日当たりのよくない湿った場所を好み、広く自生する。独特の匂いがする多年草で、白い花弁のように見える4枚の総苞片がよく目立つが、花は中心部の淡黄色の部分。薬効があり、地上部を乾燥させたものは生薬の「十薬」。東南アジアや中国では一般的な食材とされる。

6月3日　さいたま市

149

ハンゲショウ　ドクダミ科

0.5〜1m　春 夏 秋 冬　VU

水辺や湿地に生える多年草。長さ10〜15cmほどの花穂に小さな白い花を穂状につけるが、花よりも白い葉が目立つ。7月9日　さいたま市

ウマノスズクサ　ウマノスズクサ科

つる性　春 夏 秋 冬

日当りのいい里山などに生える多年生のつる草。ラッパ状の花は長さ3〜4cmほど。有毒。
7月10日　北本市

カンアオイ　ウマノスズクサ科

5〜10cm　春 夏 秋 冬　NT

冬に地味な花をつける。日本固有種で関東地方以西に分布する。花は枯葉と同じような色で、落ち葉をかき分けないと見られないことも多い。ギフチョウの食草として知られる。
5月4日　入間市

フタバアオイ　ウマノスズクサ科

10〜15cm　春 夏 秋 冬

山地の林内に生える多年草。花は径1.5cmほどの紫褐色でお椀形、葉はハート形。徳川家の三つ葉葵の家紋は本種の葉をモチーフにしたもので、ミツバアオイという種はない。
5月18日　小鹿野町

150

ヒトリシズカ センリョウ科

15〜30cm 春 夏 秋 冬

花は白いブラシ状に見えるが、雄しべの集まりで花弁はない。名は静御前の舞にちなむ。

4月24日 小鹿野町

フタリシズカ センリョウ科

30〜60cm 春 夏 秋 冬

林内に生える多年草。ヒトリシズカ同様に花弁も萼もない。花序は通常2本だが、3〜4本あるものも多い。

5月25日 秩父市

マムシグサ サトイモ科

0.5〜1m 春 夏 秋 冬

偽茎が鎌首をもたげたマムシに似る。葉は2個で小葉は7〜15個。

5月8日 寄居町

ミミガタテンナンショウ サトイモ科

30〜70cm 春 夏 秋 冬

山地の林縁などに生える。仏炎包の開口部が耳状に大きく反り返る。

4月16日 秩父市

カラスビシャク サトイモ科

20〜40cm 春 夏 秋 冬

道端などで普通に見られる多年草。仏炎包の形を柄杓と見立てた名前。

5月7日 所沢市

ウラシマソウ　サトイモ科
40〜50cm　春 夏 秋 冬　NT

テンナンショウ属の植物は区別が難しいが本種は肉穂花序の先端の付属体が釣り糸のように長く伸びる。

4月13日　さいたま市

ヒメザゼンソウ　サトイモ科
花3〜5cm　春 夏 秋 冬　EN

ザゼンソウに似ているが非常に小さい。早春に長さ20cmほどの葉が出るが梅雨期には枯れる。

6月19日　入間市

ザゼンソウ　サトイモ科 天
花10〜20cm　春 夏 秋 冬　EN

湿地に生える多年草。早春、雪解けとともに開花する。和名は楕円形の肉穂花序を仏炎苞が包みこんだ姿が座禅を組む僧侶に似ていることにちなむ。全草に悪臭がある。葉は長さ30〜40cmほどの円心形で、花の開花後に成長する。県内では秩父地方で見られるがまれ。秩父市では市の天然記念物に指定されている。

3月2日　秩父市

ミズオオバコ　トチカガミ科

葉 10〜30 cm　春 夏 秋 冬　VU　VU

水田や水路などに生える1年生の水草。オオバコに似た葉を水中に広げる。水辺環境の変化で激減。

8月6日　加須市

ヤマノイモ　ヤマノイモ科

つる性　春 夏 秋 冬

つる性の多年草。花よりも「とろろ」にする芋の方が有名。写真は雄花穂で2〜3本の花序に白い小花を多数つける。

7月27日　北本市

ツクバネソウ　ユリ科

15〜40 cm　春 夏 秋 冬

葉は4枚が輪生。花は葉の中心部から上向きに1つだけ咲く。実は羽根つきの羽根の形。山地に多い。

5月21日　小鹿野町

クルマバツクバネソウ　ユリ科

20〜40 cm　春 夏 秋 冬　VU

低地から亜高山帯の林内に生える多年草。ツクバネソウに似るが、倒披針形の葉が車輪状に輪生する。

6月22日　秩父市

シロバナエンレイソウ ユリ科
`20〜40cm` 春 夏 秋 冬 NT

山地の林内に生える多年草。エンレイソウ同様に3枚の葉が輪生し、中心に径2cm前後の白い花をつける。
4月29日　秩父市

ウバユリ ユリ科
`0.6〜1m` 春 夏 秋 冬

葉の幅が広くスペード形。6枚の花弁からなる花は緑白色。オオウバユリは変種で、根茎は食用になる。
7月30日　入間市

カタクリ ユリ科
`10〜20cm` 春 夏 秋 冬 NT

サクラと同じ頃に咲き、春を告げる花の一つとしてスプリング・エフェメラルと言われる。昔は落葉広葉樹林の林床ならどこでも見られたが、最近は盗掘や開発などで減っている。片栗粉は元来本種の鱗茎から作られていたが、最近はジャガイモを原料としたものが販売されている。

4月2日　秩父市

ツバメオモト　ユリ科

 20〜30cm　春 夏 秋 冬　NT

県内では亜高山帯の林内に生える。径1cmほどの白い花を数個から10個ほどつける。

6月22日　秩父市

ヤマユリ　ユリ科

 1〜1.5m　春 夏 秋 冬

山地の林縁などに生える日本特産種。白に黄色の筋と赤い斑点が入った花径15〜20cmほどの花をつける。

7月24日　小鹿野町

オニユリ　ユリ科

1〜2m　春 夏 秋 冬　外

平地〜低山に生える。コオニユリに近縁だが、古い時代に中国大陸から渡来したものと考えられている。

撮影：荒木三郎氏

コオニユリ　ユリ科

1〜2m　春 夏 秋 冬　NT

山地の湿った草地に生える。葉は互生する。オニユリによく似るが本種は葉の付け根にムカゴがつかない。

7月　上尾市（撮影：荒木三郎氏）

ミヤマスカシユリ ユリ科

石灰岩質を好む貴重種。秩父の武甲山で初めて発見されたので学名はbukosanense。全国でも埼玉県・茨城県・岩手県に局所的に分布するのみで絶滅が心配されている。海辺に多いスカシユリが分化したものと考えられている。2016年に武甲山で数十年ぶりに野生株が発見された。

7月12日　茨城県

ヤマジノホトトギス ユリ科

山地の林内に生える多年草。ヤマホトトギスに似るが花柱に斑紋がなく、花被片も反り返らない。花数も少ない。　　8月23日　横瀬町

ヒロハアマナ ユリ科

日当りのいい草地などに生える多年草。アマナに似るが葉の幅が0.7〜1.5cmほどと広い。

4月1日　さいたま市

チゴユリ ユリ科

15〜30cm　春　夏　秋　冬

漢字で「稚児百合」と書き、花径2cmほどの白いかわいらしい花を下向きにつける。山野の明るい林に生える。
4月30日　入間市

ホウチャクソウ ユリ科

30〜60cm　春　夏　秋　冬

雑木林などで見られる。茎先に白〜緑色を帯びる長さ2〜3cmの筒形の花を1〜3個つける。ナルコユリに似る。
5月3日　寄居町

サイハイラン ラン科

30〜40cm　春　夏　秋　冬　NT

丘陵地から山地にかけての林内に生えるラン科の多年草。葉は長さ15〜30cm、幅3〜5cmほどの長楕円形で普通は1枚。花は淡い紅紫色で長さが3〜4cmほど、1本の花茎に10〜20個ほどを総状につける。その花の付き方が武将が戦場などで軍勢を指揮するときに使った采配に似ていることから名付けられた。天然のラン科は山野草ファンに人気があり、盗掘の被害に遭うことが多い。
6月10日　入間市

キンラン　ラン科

30〜50cm　春夏秋冬　VU EN

丘陵や低山の林下に生える多年草。里山を代表する野生ランでごく普通に見られたが、減少の一途をたどっており環境省の絶滅危惧Ⅱ類に指定されている。長さ1.5cmほどの鮮やかな黄色の5弁の花を10個ほど総状につけるが、半開性。葉は長楕円状披針形で茎を抱くように互生する。

4月30日　さいたま市

ギンラン　ラン科

10〜30cm　春夏秋冬　VU

林内や林縁で見られる多年草。長さ1cmほどの小さな白い花をつける。茎の先に3〜8個ほどつくが、あまり開かない。葉は狭長楕円形で長さは3〜8cmほど。3〜6枚が茎を抱くように互生する。身近な里山に見られる野生ランだが、キンランと同様、環境悪化と盗掘により個体数を減らしている。

5月7日　所沢市

ササバギンラン　ラン科

30〜50cm　春夏秋冬　NT

低山から山地の林内などに生える多年草。ギンランに似るが、ギンランは葉よりも花序が高くなるのに対し、本種はより大きく一番上の葉が花序より上に出るか同じくらいの高さになる。同じように花もギンランよりやや大きく長さ1.3cmほど。葉は卵状披針形で互生する。

5月15日　所沢市

クマガイソウ　ラン科

低山の林内などに生える多年草。花は径8〜10cmほどとラン科の中でも大きい。径10〜20cmほどの扇形の2枚の葉が対生する。名前は袋状の唇弁が武将の熊谷直実が背負った母衣に似ているということから付けられている。環境省の絶滅危惧Ⅱ類に指定されている。

4月13日　さいたま市

クモキリソウ　ラン科

山地の林内に生える多年草。縁が波打つ長楕円形の2枚の葉が茎の下のほうにつく。花は径1cmほどで淡緑色、数個から10個ほどが花茎につく。湿り気のある土壌を好み、栽培は難しいとされる。クモキリソウ属はラン科の中でも大グループで約20種ほどあるが未だに分類上の混乱があり、研究が進められている。スズムシソウと近縁。県内では秩父地方など主に西部で見られる。

7月6日　小鹿野町

159

ヒメムヨウラン　ラン科　VU

10〜20cm　春　夏　秋　冬　CR

丘陵地から亜高山帯の針葉樹林内に稀に生える腐性植物でサカネランの仲間。茎の高さ10〜20cmほど。「ムヨウ」は「無葉」だが実際は鞘状の葉が数枚つく。淡褐色の小さな花を10〜20個ほど総状につけるが枯葉の積もった地面では茎も花もまったく目だたない。ラン科の種子は小さく、共生菌の助けを借りて発芽するので、通常栽培下では殖やせない。環境省の絶滅危惧Ⅱ類に指定。

6月22日　秩父市

オオヤマサギソウ　ラン科

40〜60cm　春　夏　秋　冬

亜高山帯の樹林内に生えるツレサギソウ属の多年草で高さが40〜60cmほどにもなる。茎の先の総状花序に緑白色の花を多数つけ、下から順に咲いていく。距は細長く長さ1.5〜2cmほどで後方に伸び、唇弁も広線形で後ろに反り返る。また側萼片は鎌状で左右に開く。葉は互生する。下方の2枚が大きく長楕円形で表面に光沢があり、基部は鞘になる。上方の葉ほど小さくなる。

6月22日　秩父市

ウチョウラン　ラン科

山地の岩場に生える多年草。花は径1cmほどの紅紫色で距は長さ1〜1.5cmほど。唇弁には濃紅紫色の斑紋が入る。葉は長さ3〜10cmほどの広線形で数枚。地域変異が大きい。山野草として人気が高いために盗掘され、全国各地で減少した。環境省の絶滅危惧Ⅱ類に指定。

7月6日　小鹿野町

シュンラン　ラン科

雑木林の林床に生える。早春に淡い黄緑色の花を開く。花弁にある黒斑から、「ホクロ」という俗称がある。

4月3日　所沢市

ネジバナ　ラン科

日当りのいい草地に生える多年草。県内のほぼ全域で普通に見られる。らせん状に花をつける。別名モジズリ。

6月26日　羽生市

ノハナショウブ　アヤメ科

0.5〜1.2m　春 夏 秋 冬　VU

湿地に生える多年草で山地に多い。花は赤紫色で外花被片に黄色の筋が入る。園芸種ハナショウブの原種。　　6月　上尾市　（撮影：荒木三郎氏）

キショウブ　アヤメ科

0.6〜1m　春 夏 秋 冬　外

明治時代に観賞用として輸入されたものが帰化した外来種。ヨーロッパから西アジアが原産の多年草。

6月3日　入間市

シャガ　アヤメ科

30〜70cm　春 夏 秋 冬

中国原産種で古い時代に日本に渡来した。湿った木陰などで見られる。花は白っぽいが淡い紫色を帯びる。　　　　5月5日　川口市

ニワゼキショウ　アヤメ科

10〜20cm　春 夏 秋 冬

北アメリカ原産の帰化植物で多年草。芝生や草地など日当りのいいところに群生しているのをよく見かける。　　　6月18日　久喜市

ヤブカンゾウ ワスレグサ科

0.8～1m 春 夏 秋 冬

別名ワスレグサ。オレンジ色の八重の花を付ける。県内では高地を除いて各所で見られる。春の若芽は食用になる。　7月17日　嵐山町

ノカンゾウ ワスレグサ科

70cm前後 春 夏 秋 冬

高地を除き県内各地で見られるがヤブカンゾウに比べると少ない。花は一重なので前種とは容易に区別できる。　7月9日　さいたま市

ニッコウキスゲ（ゼンテイカ）ワスレグサ科

60～80cm 春 夏 秋 冬 VU

ゼンテイカが本来の和名だが最近はニッコウキスゲのほうが一般的。日光の霧降高原や尾瀬ケ原などの群落が有名。県内でも山地で見られる。花は1日花なので朝咲いた花は夕方にはしぼんでしまう。ヤブカンゾウなどと近縁だが花は横向きに咲く。

7月6日　小鹿野町

ヒガンバナ　ヒガンバナ科

9月22日　日高市

30～50cm　春 夏 秋 冬

人里に見られる多年生の球根性植物で秋の彼岸のころに咲く。1本の花茎に一つの花が咲いているように見えるが6弁花が数個集まって1つの花のようになっている。日本のヒガンバナは中国から伝わったとされ1株の球根からすべて株分けで広まったと考えられる。飢饉の際の救荒作物になっていたことと、有毒の鱗茎をネズミやモグラなどが嫌うことで田畑の周辺に植えられた。別名をマンジュシャゲともいう。日高市の巾着田は写真のように一面にヒガンバナが咲き全国的に有名。

ナツズイセン　ヒガンバナ科

`50〜70cm` 春 夏 秋 冬

中国原産の多年草で人里近くの山野に野生化している。花期には葉がないため、「ハダカユリ」の俗称がある。
　　　　　　　　　8月6日　秩父市

キツネノカミソリ　ヒガンバナ科

`30〜50cm` 春 夏 秋 冬 NT

明るい林縁などに生える多年草。葉は線形で春に伸び、花期には枯れている。オレンジ色の花は6弁花。
　　　　　　　　　8月6日　秩父市

ノビル　ネギ科

`40〜60cm` 春 夏 秋 冬

畑の周辺、土手などで見られる多年草。長さ20〜30cmの線形の葉を伸ばす。地下に球根があり食用になる。
　　　　　　　　　6月10日　富士見市

オオバギボウシ　キジカクシ科

`0.5〜1m` 春 夏 秋 冬

葉の長さは30〜40cmになる。春の若芽は山菜のウルイ。蕾が橋の欄干の擬宝珠に似る。花色は淡紫色。
　　　　　　　　　7月30日　入間市

コバギボウシ　キジカクシ科
`30〜60cm`　春 夏 秋 冬

オオバギボウシに比べると葉も草丈も明らかに小さい。花は濃い紫色から淡紫色。湿原に多い。

8月23日　横瀬町

ヤブラン　キジカクシ科
`30〜50cm`　春 夏 秋 冬

日陰のやぶに生えるが公園などにもよく植えられている。葉がランに似るがキジカクシ科。

7月24日　寄居町

マイヅルソウ　キジカクシ科
`20〜25cm`　春 夏 秋 冬

山地の林内に生える多年草。2枚の葉をツルが羽を広げて舞う姿に例えた。奥秩父の山で見られる。

6月22日　秩父市

ユキザサ　キジカクシ科
`20〜70cm`　春 夏 秋 冬

山地の広葉樹林の林床に生える多年草。白い花は径5mmほどの6弁花で円錐花序に多数つく。

5月18日　小鹿野町

ツルボ キジカクシ科

`20～40cm` 春 夏 秋 冬

日当りのいい草原などに生える多年草。淡いピンク色の花は径8mm前後の6弁花で総状花序に多数つく。葉は線形。地下には2～3cmの卵形の鱗茎がある。

9月13日　嵐山町

アマドコロ キジカクシ科

`30～80cm` 春 夏 秋 冬

平地から山地の林内や草原に生える多年草。緑白色の花が1～2個垂れ下がってつく程度で花数が少ない。茎には稜があり角張っている。茎や根茎は食用になる。

4月27日　さいたま市

オオバジャノヒゲ キジカクシ科

`20～30cm` 春 夏 秋 冬

林床に生える多年草。花色は淡い紫色もしくは白。ジャノヒゲに似るがより葉の幅が広い。日本固有種。

7月3日　秩父市

ミクリ ミクリ科

`0.7～1m` 春 夏 秋 冬 NT NT

池沼や水路などに生える多年草。棘のあるクリに似た実をつける。国指定の準絶滅危惧種。

9月18日　熊谷市（円内:8月7日　加須市）

167

ヒメガマ　ガマ科

1.5〜2m　春　夏　秋　冬

一本の花茎に雄花穂と雌花穂が離れてつくので類似種との判別可能。
7月2日　羽生市

ガマ　ガマ科

1.5〜2m　春　夏　秋　冬

池や沼などに生える多年草。花粉は「蒲黄（ホオウ）」という生薬。
7月10日　北本市

コガマ　ガマ科

1〜1.5m　春　夏　秋　冬

ガマに似るが全体に小形。ガマ同様雌花穂のすぐ上に雄花穂がつく。
10月1日　長瀞町

ヒメカンスゲ　カヤツリグサ科

20〜50cm　春　夏　秋　冬

山地に普通に生える多年草。カンスゲに似るが小さい。寒い冬でも葉が青々としているので、漢字で「寒萱」と書く。

4月3日　入間市

アゼスゲ　カヤツリグサ科

20〜80cm　春　夏　秋　冬

田の畔などの湿地や川岸に生える多年草。花茎に3〜5個の小穂をつける。頂小穂が雄性で側小穂が雌性で、雌鱗片が黒っぽい。

4月17日　さいたま市

ジュズダマ　イネ科

1m前後　春　夏　秋　冬

古い時代に渡来した熱帯アジア原産の多年草。水辺に生える。

9月4日　さいたま市

スズメノテッポウ　イネ科
20〜40cm　春 夏 秋 冬

湿地や水田に生える普通種。春に棒状の穂に花をつける。草笛になる。　4月30日　入間市

オヒシバ　イネ科
30〜80cm　春 夏 秋 冬

砂利道などの荒地に普通。根が頑丈に張り、農業では強害草とされる。　8月7日　加須市

メヒシバ　イネ科
10〜50cm　春 夏 秋 冬

庭や畑などに普通に見られる。オヒシバに似るが弱々しい。
　　　　8月7日　加須市

チガヤ　イネ科
30〜80cm　春 夏 秋 冬

日当りのいい平地で見られるイネ科の多年草。白い穂がよく目立つ。　5月15日　入間市

ススキ　イネ科
1〜2m　春 夏 秋 冬

平地や山地の日当りのいい荒地に生える多年草。花穂は長さ20〜30cm。　9月28日　熊谷市

チカラシバ　イネ科
60〜80cm　春 夏 秋 冬

道端などに普通に生える多年草。大株になり、ブラシ状の穂をつける。　10月9日　秩父市

キンエノコロ イネ科

50〜90cm 　春 夏 秋 冬

エノコログサに似るが穂がより金色に輝いて見える。

10月1日　長瀞町

エノコログサ イネ科

50〜80cm 　春 夏 秋 冬

荒地や道端で普通に見られる一年草。ネコジャラシと呼ばれる。

7月23日　さいたま市

ヨシ（アシ） イネ科

2〜3m 　春 夏 秋 冬

河川敷など日当りのいい湿った場所に群生する。大型の多年草。

10月1日　長瀞町

ツユクサ ツユクサ科

20〜50cm 　春 夏 秋 冬

道端や空き地などでごく普通に見られる一年生植物。関東以西にはマルバツユクサが混生。

7月18日　羽生市

イボクサ ツユクサ科

20〜30cm 　春 夏 秋 冬

湿地に生える一年草。花は淡紅色の3弁花で1日でしぼむ。葉は長さ2〜6cmほどの狭披針形。

9月11日　加須市

ヤブミョウガ　ツユクサ科

林や竹やぶなどに生える多年草で湿り気のある場所を好む。暖地性で関東以西に分布する。ミョウガによく似た葉をつけるが全くの別種（ミョウガはショウガ科）で、葉の表面にザラザラした感触がある。果実は当初緑色、のちに濃い青紫色に変わる。若芽は食用になる。

7月27日　北本市

ホテイアオイ　ミズアオイ科

南アメリカ原産の浮遊性水草。葉柄が膨らんで浮袋状になり水面に浮く。観賞用として広く流通し、金魚鉢に入れられている。夏には青紫色の大きな花が咲く。加須市では休耕田で育てられているが、本州以南で野生化しており要注意外来生物に指定されている。

7月10日　加須市

ルイヨウボタン　メギ科

深山の林内に生える多年草。10数個の花を集散状につけ、径1cmほどで緑黄色。萼片のほうが大きく花びらのように見える。ボタンに似た葉は茎の上部に2枚が互生する。花が終わると青紫色の実をつける。ルイヨウボタン属の植物は少なく、東アジアに1種、北米に2種あるのみ。

5月18日　小鹿野町

イカリソウ　メギ科

20〜40cm　春 夏 秋 冬　NT

山地の林内に生える多年草。花は紅紫色で径3cmほどで、花弁は錨のような形。生薬として利用される。

5月8日　横瀬町

ヤマトリカブト　キンポウゲ科

0.8〜1.5m　春 夏 秋 冬

山地の林縁などに生える多年草。花は雅楽で使用する鳥兜に似る。猛毒で有名。

10月1日　横瀬町

フクジュソウ　キンポウゲ科

15〜30cm　春 夏 秋 冬　NT

山地の落葉樹林内に生える多年草。花は径3〜5cmほどで光沢のある黄色、円内のように紅色のものはチチブベニといわれる。早春の花期には花茎は短いが、のちに30cm以上にも伸び3回羽状複葉の葉を互生させる。夏には光合成を終えて地上部は枯れる。江戸時代より園芸用として人気がある。

2月25日　小鹿野町

アズマイチゲ　キンポウゲ科
15〜20cm　春夏秋冬　CR

山地の日当りのいい場所に生える多年草。春の速い時期、他の植物に先駆けて咲くスプリング・エフェメラルのひとつ。花は径3cmほどで白色。キクザキイチゲに似るが葉に切れ込みはなく、下向きに垂れるので区別できる。名称の「イチゲ」は一本の茎に一つの花をつけることから「一華」の文字を当てる。

4月2日　小鹿野町

イチリンソウ　キンポウゲ科
20〜30cm　春夏秋冬　NT

落葉広葉樹林の林床に生える多年草。径4cmほどの白色の花が茎の先に一輪咲く。スプリング・エフェメラルの一つ。

5月5日　川口市

ニリンソウ　キンポウゲ科
15〜25cm　春夏秋冬

湿り気のある林床などに生える多年草で春の山ではよく見られる。花は二輪のものが多いが一輪や三輪もある。

4月13日　入間市

ヒメイチゲ　キンポウゲ科
5〜15cm　春 夏 秋 冬　NT

亜高山帯の針葉樹林内などに咲く多年草。白い花は径1cmほどで花弁はなく萼片が5枚。葉は3全裂する。
　　　　　　　5月18日　小鹿野町

レンゲショウマ　キンポウゲ科
40〜80cm　春 夏 秋 冬　NT

山地の落葉広葉樹林内に生える日本の特産種で一属一種。紫色の花は径3〜4cmで下向きに咲く。
　　　　　　　8月23日　横瀬町

ヤマオダマキ　キンポウゲ科
30〜50cm　春 夏 秋 冬　NT

山地の道端などに生える。5個の花弁の先が細長く伸びて距になる。切り口から出る乳液でかぶれるので注意。
　　　　　　　6月25日　横瀬町

サラシナショウマ　キンポウゲ科
0.4〜1.5m　春 夏 秋 冬

林縁などに生える多年草。長さ20〜30cmの花穂に径1cmほどの白い花を多数つける。花期は8〜9月。
　　　　　　　10月1日　横瀬町

セツブンソウ　キンポウゲ科

3月7日　小鹿野町

落葉広葉樹林内の林床に生える多年草で石灰岩地を好む傾向がある。花は茎の先に1つずつつく。径は2cmほどで白い花びら状のものは萼片。花弁は黄色で小さく蜜腺になり雄しべとともに雌しべの周りに並ぶ。葉は3全裂する。早春に咲き、県内での開花は3月上旬頃になる。園芸用に各地で乱獲され激減、現在は環境省指定の準絶滅危惧種。小鹿野町の両神山麓の群生地は日本有数の規模で、毎年シーズンには多くの人が訪れる。日本固有種で本州（関東以西）にのみ自生する。

クサボタン　キンポウゲ科

1m前後　春 夏 秋 冬

山地の草地や林縁に生える多年草。淡い青紫色の花の先（萼）がくるっと反り返る。有毒種。

10月1日　横瀬町

セリバヒエンソウ　キンポウゲ科

20〜40cm　春 夏 秋 冬　外

中国原産の外来種で明治時代に渡来。1年草で日当りのいい草原などに生える。漢字で芹葉飛燕草と書く。

4月13日　入間市

トウゴクサバノオ　キンポウゲ科

10〜20cm　春 夏 秋 冬　NT

山地のやや湿った場所に生える。花は淡黄緑色で小さい。関東地方（東国）に多く、実がサバの尾に似る。

4月2日　秩父市

ケキツネノボタン　キンポウゲ科

30〜50cm　春 夏 秋 冬

水田の畦などに生える多年草。キツネノボタンに酷似するが全体に毛が生える。やや温暖性。毒性が強い。

5月5日　北本市

ウマノアシガタ　キンポウゲ科

30～60cm　春　夏　秋　冬

県内各地の草地などで見られる多年草。黄色の花は径2cmほどで独特の光沢がある。別名はキンポウゲ。
4月22日　小鹿野町

ヒキノカサ　キンポウゲ科

10～30cm　春　夏　秋　冬　VU　CR

日当りのいい湿地に生える多年草。キンポウゲに似た黄色い花は径1.5cmほどで光沢がある。葉は単葉で3裂する。　4月17日　さいたま市

クサノオウ　ケシ科

30～80cm　春　夏　秋　冬

ケシ科の越年草で有毒。昔から薬草として利用されている。ちぎると黄色っぽい汁が出る。

5月8日　寄居町

ムラサキケマン　ケシ科

20～50cm　春　夏　秋　冬

長さ2cmほどの紅紫色の花を総状花序に多数つける。山麓や平地などのやや湿った日陰でごく普通に見られる。　4月30日　さいたま市

ミヤマキケマン　ケシ科
`20〜50cm`　春 夏 秋 冬

ムラサキケマンとよく似るが、黄色い花をつける。山地に多い。丘陵地や低山でも見られる。

4月2日　小鹿野町

ヤマエンゴサク　ケシ科
`10〜20cm`　春 夏 秋 冬

山野の林下に生える。花は青紫色や紅紫色。苞葉に切れ込みがある。スプリング・エフェメラルの一種。

4月16日　秩父市

ジロボウエンゴサク　ケシ科
`10〜20cm`　春 夏 秋 冬

平地の里山から山地まで草原や林縁などで見られる。ヤマエンゴサクと似るが、苞葉は全縁で切れ込みがない。

4月6日　所沢市

ヤマブキソウ　ケシ科
`30〜40cm`　春 夏 秋 冬　NT

落葉広葉樹林の林床に生える多年草。ヤマブキに似た大きな黄色の4弁花を咲かせる。

5月21日　小鹿野町

ムジナモ　モウセンゴケ科

池沼の水面に浮かぶ多年生の食虫植物。発芽時に幼根を出すが、以後根が消失する。葉を貝のように開閉してミジンコなどを獲らえる。真夏に白っぽい花を咲かせるが閉鎖花が多く、しかも1〜2時間しか咲かないので幻の花と言われている。羽生市の宝蔵寺沼のものは国の天然記念物。

7月12日　羽生市

ハス　ハス科

インド原産で古い時代に渡来。地下茎はレンコンとして各地で栽培されている。径12〜30cmほどもある花は早朝から咲き昼には閉じてしまう。葉も大きく径30〜50cmほどになる。写真は行田市指定天然記念物の行田蓮。工事現場から出土した種子から花が咲いたもので今から1400年から3000年ほど前の古代ハスとされる。

7月18日　羽生市

ミズヒキ タデ科
`40〜80cm` 春 夏 秋 冬

林縁や路傍に普通。長い花穂に赤い小花をまばらにつける。花は上部が赤で下部は白になっており紅白の水引に例えられた。
8月13日　北本市

クリンユキフデ タデ科 VU
`15〜40cm` 春 夏 秋 冬

山地の林床などに生える多年草。葉腋から白い長さ1〜3cmほどの穂状花序を段状につける。「クリン」は九輪塔に因んだもの。
5月18日　小鹿野町

イヌタデ タデ科
`20〜50cm` 春 夏 秋 冬

普通に見られる一年草。花を赤飯に見立ててアカマンマという別名がある。オオイヌタデとは葉の根元の鞘に毛があることで識別可。7月23日　さいたま市

カワラナデシコ ナデシコ科
`30〜100cm` 春 夏 秋 冬 VU

日当りのいい草原や河原に生える多年草。秋の七草の一つ。本県では減少が著しく絶滅危惧Ⅱ類に指定。
9月18日　熊谷市

ワチガイソウ ナデシコ科
`7〜15cm` 春 夏 秋 冬 NT

落葉樹林下に生える多年草。白い5弁の花は径1cmほど。紫色の雄しべの葯が目立つ。
5月21日　小鹿野町

フシグロセンノウ　ナデシコ科

40〜90cm　春 夏 秋 冬　NT

山地の林などに生える多年草。茎の節が黒ずむ。センノウは京都の仙翁寺に因む。

8月23日　横瀬町

ミヤマハコベ　ナデシコ科

20〜30cm　春 夏 秋 冬

湿り気を好み沢沿いなどに生える多年草。5枚の花弁は深く裂け10枚に見える。花径は1.5cmほど。

4月22日　小鹿野町

ヨウシュヤマゴボウ　ヤマゴボウ科

1〜2m　春 夏 秋 冬　外

北アメリカ原産の帰化植物で多年草。長さ15cmほどの総状花序に白っぽい小花をつけ、秋には実が黒く熟す。

8月28日　秩父市

コガネネコノメソウ　ユキノシタ科

5〜10cm　春 夏 秋 冬

山地の渓流沿いなどの湿った場所に生える多年草。花は径4mm前後と小さい。黄色の花弁に見えるのは萼片。

4月24日　小鹿野町

181

ハナネコノメ ユキノシタ科

5〜10cm 春 夏 秋 冬

直径5mmほどの小さな花を早春に咲かせる。花弁のように見える白い部分は萼片で先端の赤い葯とのコントラストが目立つ。地味なものが多いネコノメソウ属において最も花が美しいとされる。東京都の高尾山に自生するものが有名。県内では奥秩父など山地の沢沿いの湿ったところで見られる。

4月2日　秩父市

ツルネコノメソウ ユキノシタ科

5〜15cm 春 夏 秋 冬

山地の沢沿いなどの湿った場所に生える。走出枝が地上でツル状に長く伸びる。葉は互生。

4月16日　秩父市

ヨゴレネコノメ ユキノシタ科

10〜20cm 春 夏 秋 冬

山地の沢沿いなどに生える。花には花弁がなく雄しべは暗紅紫色、葉が紫色を帯びる。イワボタンの変種。

4月2日　秩父市

コチャルメルソウ　ユキノシタ科

`20〜30cm` 春 夏 秋 冬

沢沿いなどに生える。果実が楽器のチャルメラに似ている。花は淡い黄緑色で羽状に裂ける。

4月16日　秩父市

タコノアシ　ユキノシタ科

`30〜85cm` 春 夏 秋 冬 NT VU

沼沢地や水田などに生える多年草。茎先のタコ足状の総状花序に小さな花が多くつく。秋に全草が紅葉する。

7月27日　北本市（円内：10月23日）

ユキノシタ　ユキノシタ科

`20〜50cm` 春 夏 秋 冬

日陰の湿った岩場などに群生する多年草。やけどに効くとされ民間薬として古くから利用された。

6月3日　入間市

ズダヤクシュ　ユキノシタ科

`10〜25cm` 春 夏 秋 冬 NT

亜高山帯の林床に生える多年草。民間薬として用いられた。「ズダ」は長野県の方言で喘息の意。

6月22日　秩父市

ツメレンゲ　ベンケイソウ科

`10〜20cm`　春 夏 秋 冬　NT EN

日当たりのよい岩場に生える多肉植物。園芸種として古くから栽培されている。石垣などの人工物から生えることもある。　10月16日　秩父市

ヒメレンゲ　ベンケイソウ科

`4〜10cm`　春 夏 秋 冬

山地の沢沿いなどの岩場に生える。黄色の花は径1cmほど。コンクリート護岸に群生することがある。別称コマンネンソウ。　5月14日　秩父市

ゲンノショウコ　フウロソウ科

`30〜50cm`　春 夏 秋 冬

花色は紅紫色、淡紅色、白色など。茎や葉に毛があるのが特徴。県内各地の山野などで普通に見られる。健胃の民間薬として有名。

8月15日　入間市

ミソハギ　ミソハギ科

`1m前後`　春 夏 秋 冬

湿地や田の畦などに生える多年草。長さ20〜30cmほどの穂に紅紫色の小さな花を多くつける。盆花に用いる。下痢止めの薬効がある。　7月10日　加須市

ヒシ　ヒシ科　NT

`葉幅3〜6cm`　春 夏 秋 冬

池や沼などに生える1年生の浮葉植物。オニビシと酷似し同定は困難。果実には刺が2つ（オニビシは4つ）あり、堅牢だが食用になる。　7月2日　羽生市

ミズタマソウ　アカバナ科
20〜50cm　春 夏 秋 冬

山野の林下に生える多年草。果実は球形でカギ状の白い毛が密生し、水玉に似るとされた。

8月10日　北本市

チョウジタデ　アカバナ科
30〜70cm　春 夏 秋 冬

水田や湿地などに生える一年草。葉腋に黄色の小さな4弁花をつける。葉は披針形で互生する。

9月　上尾市（撮影：荒木三郎氏）

ヒナスミレ　スミレ科
3〜8cm　春 夏 秋 冬

山地の明るい林下に生えブナ帯に多い。花は淡いピンク色。葉は三角状広卵形で縁に鋸歯がある。

4月16日　秩父市

アケボノスミレ　スミレ科
5〜10cm　春 夏 秋 冬　NT

山地の日当りのいい林下などに生える。花は淡紅色で大きめ。葉が開く前に花が咲くことが多い。

4月22日　小鹿野町

アオイスミレ　スミレ科
`3〜8cm`　春 夏 秋 冬

県内各地の山地の林内で見られる。花期がもっとも早いスミレの一つ。葉は円形でフタバアオイの葉に似るとされた。　　　　4月3日　入間市

コスミレ　スミレ科
`5〜10cm`　春 夏 秋 冬

人里周辺に多い。比較的早い時期から咲き、上部の花弁（上弁）がウサギの耳状に立ち上がるのが特徴。　　　　4月3日　入間市

スミレ　スミレ科
`7〜15cm`　春 夏 秋 冬

平地の草地や道端などでも見られ、日本全国に広く分布する。花は濃紫色で葉は長三角状。

5月4日　入間市

ノジスミレ　スミレ科
`4〜8cm`　春 夏 秋 冬

日当りのいい人家周辺の道端などに生える。花は淡紫色から紅紫色で青みを帯びる。花期が早い。

4月6日　入間市

エイザンスミレ　スミレ科

5〜15cm　春　夏　秋　冬

山地の日当りのいいところに生える。葉は3裂しさらに細かく裂け、5裂しているように見える個体もある。この特徴は県内産では本種とヒゴスミレのみ。花の色は淡い紅紫色から白に近いものまである。名前は比叡山に因むが県内でも各所で見られる。日本特産種。

4月29日　秩父市

キバナノコマノツメ　スミレ科

5〜15cm　春　夏　秋　冬　EN

スミレ科のうち唯一「××スミレ」ではない名を持つ。花が黄色いスミレは県内では本種のみ。花の径は1.5〜2cmほど。葉は2〜4cmほどの腎円形。亜高山から高山帯（本州中部で標高1700m以上）の草地や沢沿いの林縁などに生えるため、県内では雲取山や甲武信ヶ岳の山頂付近にのみ自生。　6月5日　秩父市

タカオスミレ　スミレ科

5〜12cm　春　夏　秋　冬

高尾山で最初に発見され記載された種。ヒカゲスミレの変種で葉の表面が焦茶色や黒紫色をしている。以前は葉の裏が緑色のものはハグロスミレとして区別されていた。花は径2cm前後で白く、唇弁と側弁には紫色の筋が入る。沢沿いなどの湿った樹林下などに見られる。

4月13日　入間市

ナガバノスミレサイシン スミレ科

5～12cm 　春　夏　秋　冬

山地のやや湿った場所に生える。葉が細長くウスバサイシンに似る。近似種スミレサイシンは日本海側に自生。　　　4月13日　入間市

ツボスミレ スミレ科

5～25cm 　春　夏　秋　冬

別名ニョイスミレ。平地～山地のやや湿った草地や林内に生える。花は小さく唇弁には紫色の筋が入る。　　　4月30日　入間市

フモトスミレ スミレ科

3～6cm 　春　夏　秋　冬

やや乾燥した林縁などに生える。葉の裏側は紫色を帯びる。岩手県～屋久島まで広く分布。

4月17日　入間市

マルバスミレ スミレ科

5～10cm 　春　夏　秋　冬

崩れやすい斜面を好む。花も葉も丸みを帯びる。西日本では少なく、太平洋側の内陸部に多い。

4月24日　小鹿野町

ニオイタチツボスミレ　スミレ科

5〜15cm　春　夏　秋　冬

山地の日当りのいい路傍などに生える。タチツボスミレに似るが、花は濃紫色で中心の白い部分が鮮明。芳香が強い。白花のものはオトメニオイタチツボスミレと呼ばれる。

4月13日　入間市

タチツボスミレ　スミレ科

5〜15cm　春　夏　秋　冬

県内で最も普通に見られるスミレで全国に広く分布する。地上茎があるのがタチツボスミレ類やツボスミレ類の特徴で識別の一助となる。白花のオトメスミレなど変種が多い。

4月13日　入間市

アカネスミレ　スミレ科

5〜10cm　春　夏　秋　冬

日当りのいい林縁や草地などに生えるが丘陵に多い。葉や花柄、距や果実など全体が微毛に覆われる。花は紅紫色。葉は三角状卵形や円心形など。ほぼ全国に分布する。

4月24日　入間市

タカトウダイ　トウダイグサ科

50〜80cm　春　夏　秋　冬

日当りのいい荒れ地や畑などに生える多年草。トウダイグサ科の中でも大きく1m近く成長する。葉は長楕円形で互生する。「大戟（タイゲキ）」という漢方薬になる。

7月6日　小鹿野町

ノウルシ　トウダイグサ科

30cm前後　春 夏 秋 冬　NT VU

河川敷などの低湿地に生える多年草。傷つけるとウルシに似た汁を分泌する。環境悪化で減少している。

4月7日　さいたま市

ナツトウダイ　トウダイグサ科

40cm前後　春 夏 秋 冬

丘陵地や山地に自生。地下茎から直立する茎が出る。花は春に咲く。有毒だが漢方薬の原料になる。

4月30日　さいたま市

オトギリソウ　オトギリソウ科

30〜50cm　春 夏 秋 冬

山野の草地に生える。葉の表面には黒点が多数ある。名は秘薬の製法を漏らした弟を兄が斬った伝説に由来。

7月30日　入間市

ムラサキカタバミ　カタバミ科

10〜25cm　春 夏 秋 冬　外

南アメリカ原産の帰化植物で要注意外来生物に指定され、北米など世界的に拡散している。種子をつけずに地下茎で増える。

4月30日　さいたま市

カタバミ　カタバミ科

10〜30cm　春 夏 秋 冬

道端や空き地などでごく普通に見られる多年草。果実に触れると弾けて種子が飛び出す。「剣片喰」など家紋にも使われる。

6月10日　所沢市

コミヤマカタバミ　カタバミ科

5～15cm　春　夏　秋　冬

亜高山帯の林内に生える多年草。ヨーロッパにも広く分布。 VU

6月22日　秩父市

カントウミヤマカタバミ　カタバミ科

7～15cm　春　夏　秋　冬

ミヤマカタバミの変種で関東地方に分布する。葉の裏に毛が少ない。 EN

4月13日　入間市

ゲンゲ　マメ科　外

10～20cm　春　夏　秋　冬

中国原産の越年草。かつては水田に緑肥として栽培された。別名レンゲ。

4月30日　入間市

イヌハギ　マメ科

1～1.5m　春　夏　秋　冬　VU　VU

河原などの日当りのいい砂地に生える多年草。総状花序に黄白色の花を多数つける。全国的に激減。

9月　上尾市（撮影：荒木三郎氏）

クズ　マメ科

つる性　春　夏　秋　冬

つる性の多年草で根から葛粉や漢方薬が作られる。しばしば大群落となる。

8月23日　ときがわ町

クララ マメ科

0.8〜1.5m　春 夏 秋 冬

日当りのいい草地に生える多年草。毒性および薬効が強く、昔は便所のウジ駆除に使われた。

6月15日　北本市

ヤハズエンドウ マメ科

つる性　春 夏 秋 冬

一般にはカラスノエンドウと呼ばれる。野原や道端などで見られるつる性の越年草。花は紅紫色の蝶形花。

4月6日　入間市

ムラサキツメクサ マメ科

30〜60cm　春 夏 秋 冬　外

ヨーロッパ原産の帰化植物で多年草。明治時代に日本に持ち込まれ野生化。花も葉もシロツメクサよりも一回り大きい。アカツメクサまたは赤クローバーの別名がある。

6月26日　久喜市

シロツメクサ マメ科

6〜20cm　春 夏 秋 冬　外

別名クローバー。ヨーロッパ原産の帰化植物。輸入ガラス製品などの梱包材に使われ、種子が拡散したと考えられている。土壌侵食防止のため意図的に蒔かれることもある。

5月7日　所沢市

クサフジ　マメ科

つる性　春　夏　秋　冬

山野の草地や林縁に生える多年草でつるは1.5mほどに伸びる。葉、花ともにフジに似る。

6月15日　北本市

キンミズヒキ　バラ科

30〜80cm　春　夏　秋　冬

山野で普通に見られる多年草。ミズヒキに似るが花は黄色く、科も異なる。花期は晩夏〜秋。

8月13日　北本市

カワラサイコ　バラ科

30〜70cm　春　夏　秋　冬　VU

日当りのいい河原の砂地に生える多年草。花は径1cmほどの5弁花で黄色。小葉は深く羽状に切れ込む。

9月18日　熊谷市

ツルキンバイ　バラ科

10〜15cm　春　夏　秋　冬

林内で見られる多年草。ミツバツチグリに似るが匍枝が長い。葉は3小葉。黄色の5弁花は基部が濃い。

5月18日　小鹿野町

193

ヘビイチゴ バラ科

5〜10cm 春 夏 秋 冬

道端などで普通に見られる多年草。俗称でドクイチゴと呼ばれるが無毒。類似種ヤブヘビイチゴ。

4月30日　さいたま市

ミツバツチグリ バラ科

15〜30cm 春 夏 秋 冬

県内各地の山野で見られる多年草。葉は3小葉でその形は長楕円形から卵形。黄色の5弁花は径1.5〜2cmほど。

5月25日　秩父市

ナガボノシロワレモコウ バラ科

0.6〜1m 春 夏 秋 冬 VU

湿原や沼沢地に生える多年草。長さ2〜7cmほどの円柱形の花穂に花弁のない白い花を多数つける。

9月　上尾市　(撮影：荒木三郎氏)

ワレモコウ バラ科

0.7〜1m 春 夏 秋 冬

山野などの草地に生える多年草。楕円形の穂に暗紅色の小さな花が上から順に咲く。生薬になる。

8月15日　入間市

ウワバミソウ　イラクサ科

30〜40cm　春 夏 秋 冬

山地の沢筋など湿った場所に生える多年草。葉は互生。ミズ、ミズナなどの別称があり山菜として利用される。　　5月8日　寄居町

ゴキヅル　ウリ科

つる性　春 夏 秋 冬　VU

河原など水辺の草地に生える一年草。花は径1cmほどの黄緑色で雄花と雌花がある。実は長さ約1.5cmほど。　10月　上尾市（撮影：荒木三郎氏）

カラスウリ　ウリ科

つる性　春 夏 秋 冬　夜

林縁に多いつる性の多年草。花は夜に咲き（写真）、朝にはしぼむ。実は熟すと橙色になる（円内）。

7月17日　嵐山町（円内：9月25日　北本市）

シュウカイドウ　シュウカイドウ科

40〜60cm　春 夏 秋 冬　外

中国大陸から江戸時代初期に園芸目的で移入、のち野生化した。ガーデニングに用いられるベゴニアは近縁。　　9月10日　ときがわ町

ナズナ アブラナ科
10〜50cm　春 夏 秋 冬

果実の形が三味線の撥に似ることからペンペングサともいう。道端などでごく普通。春の七草のひとつ。
4月10日　小鹿野市

タネツケバナ アブラナ科
10〜30cm　春 夏 秋 冬

田畑などに普通に生える二年草。径4〜5mmほどの小さな白い4弁花を多数つける。北半球の温帯域に広く分布。
4月3日　入間市

コンロンソウ アブラナ科
20〜70cm　春 夏 秋 冬

山地の沢沿いなどの湿った場所に生える多年草。径1cmほどの十字状の4弁花をつける。葉は羽状複葉で互生する。
5月8日　寄居町

ミツバコンロンソウ アブラナ科
10〜20cm　春 夏 秋 冬

落葉樹林内の林床に生える多年草。ブナ帯に多い。花は径1cmほどの白色の4弁花。葉は3小葉になる。
4月29日　秩父市

ユリワサビ　アブラナ科
10〜30cm　春 夏 秋 冬

山地の沢沿いなどに生える多年草。茎が細く成長すると倒伏する。鱗茎が百合根に似る。食用になる。

4月2日　秩父市

オランダガラシ　アブラナ科
20〜50cm　春 夏 秋 冬　外

ヨーロッパ原産の帰化植物。流れの緩やかな清流の中に育つ半水生で、葉や花は水上に出る。別名クレソン。

6月22日　秩父市

ショカッサイ　アブラナ科
20〜50cm　春 夏 秋 冬　外

中国原産で江戸時代に日本に入り野生化。別名はオオアラセイトウ、ムラサキハナナ。県内でも各地でよく見る。

5月8日　寄居町

ハタザオ　アブラナ科
50〜80cm　春 夏 秋 冬　VU

河原や草原などに生える越年草。茎が旗竿のように直立する。類似種との識別点はクリーム色の花色。

熊谷市　（撮影：荒木三郎氏）

197

ギンバイソウ　ユキノシタ科

50〜80cm　春　夏　秋　冬

山地の沢沿いなどに生える多年草。葉の先が二又になる。花は径2cmほどの白い両性花と萼片の装飾花がある。5弁の花をウメに見立て、「銀梅草」と命名。

7月24日　小鹿野町

ワタラセツリフネソウ　ツリフネソウ科

0.5〜1m　春　夏　秋　冬　EN

2005年9月に新種記載された。基準産地は渡良瀬遊水池だが、埼玉県内でも北本自然観察公園で見られる。ツリフネソウと似るが、本種は小花弁の先が黒く委縮する。

9月18日　北本市

ツリフネソウ　ツリフネソウ科

50〜80cm　春　夏　秋　冬

山野の湿った場所で群生する一年草。花は吊り下げられた舟の形に似ており、距は渦巻状に巻いて蜜を貯留する。実は熟すと弾け、種子を周囲に飛ばす。

9月7日　入間市

キツリフネ　ツリフネソウ科

40〜80cm　春　夏　秋　冬

ツリフネソウに似るが、花は黄色で距の先は渦巻状にならず垂れ下がるように曲がる。山野の水辺や湿地に生える。ユーラシア〜北米大陸にかけて広く分布する。

7月6日　小鹿野町

オカトラノオ サクラソウ科

`0.6〜1m` 春 夏 秋 冬

直径1cmほどの白い5弁の花を虎の尾状の花穂に多数つける。山地などの明るい林内や草原で見られる。　　　　　7月3日　秩父市

ノジトラノオ サクラソウ科

`0.7〜1m` 春 夏 秋 冬 VU EN

湿った草地などに生える多年草。オカトラノオに似るが葉が細いことと茎に毛が多いことで区別できる。　7月　上尾市（撮影：荒木三郎氏）

ヌマトラノオ サクラソウ科

`40〜70cm` 春 夏 秋 冬 NT

湿地に生える多年草。総状花序はオカトラノオのように曲がらず直立する。花は径5〜6mmで多数つく。
　　　　　　　　7月30日　入間市

サワトラノオ サクラソウ科

`40〜80cm` 春 夏 秋 冬 EN CR

川岸などの湿地に生える多年草。自生地は全国でも数えるほどの希少種。環境省の絶滅危惧ⅠB類に指定。　5月　上尾市（撮影：荒木三郎氏）

サクラソウ　サクラソウ科

山野の低湿地などに生える多年草。園芸種として栽培されている。紅紫色の花は径2cmほどで5弁。昭和46年埼玉県誕生100年を記念して「県の花」に指定された。さいたま市の田島が原の自生地は国の特別天然記念物。上尾市・桶川市周辺にも自生地がある。円内はシロバナ。

4月7日　さいたま市（円内：4月17日）

クモイコザクラ　サクラソウ科

コイワザクラの変種で山地の岩場に生える多年草。秩父山地のほか、八ヶ岳と南アルプスにのみ自生する希少種。

5月21日　小鹿野町

ツマトリソウ　サクラソウ科

亜高山帯の草地や林縁に自生する多年草。7枚の花弁の端（つま）が薄紅色になる。葉は輪生状。

6月22日　秩父市

イワウチワ　イワウメ科

5〜15cm　春 夏 秋 冬

山地の岩場や林縁などに生える常緑の多年草。花は普通淡いピンク、で漏斗状、先は5裂し縁が鋸歯状になる。葉は光沢がありうちわ状。中国地方以北の各地に自生するが減少が著しく、近隣の東京都や山梨県では絶滅危惧種とされる。写真は山中の急峻な崖に咲くものを望遠レンズで撮影。

4月29日　秩父市

アカバナヒメイワカガミ　イワウメ科

10〜15cm　春 夏 秋 冬

白い花をつけるヒメイワカガミの変種で赤い花をつける。山地の岩場などに生える常緑の多年草。花は径1.5〜2cmほどの漏斗状で先が細く裂けている。葉は3cm前後の卵円形で革質、表面には光沢がある。神奈川県の箱根が自生地として有名だが、県内でも奥秩父の山で見られる。

5月21日　小鹿野町

ギンリョウソウ　イチヤクソウ科

8〜20cm　春　夏　秋　冬

葉緑素を持たない腐生植物で林内の湿った腐植土に生える。銀白色の花は長さが3〜5cmほど。別名ユウレイタケ。　　6月10日　入間市

ヤマルリソウ　ムラサキ科

7〜20cm　春　夏　秋　冬　VU

花は直径1cmほどの青紫色の5弁。根生葉はロゼット状で倒披針形。茎や葉は短い毛に覆われる。日本固有種。　　4月13日　入間市

キュウリグサ　ムラサキ科

10〜30cm　春　夏　秋　冬

道端や畑などに普通に生える越年草。径3〜5mmほどの青い花をつける。葉をもむとキュウリに似た香りがする。　　4月10日　小鹿野町

タチカメバソウ　ムラサキ科

20〜40cm　春　夏　秋　冬　VU

山地の湿ったところに生える多年草。径1cmほどの白または淡青紫色の花をまばらにつける。葉は互生する。　　5月21日　小鹿野町

ヘクソカズラ　アカネ科

`つる性`　春　夏　秋　冬

つる性の多年草で人家周辺にも普通。草全体に悪臭がある。白に内面が赤紫色の鐘形の花をつける。

7月17日　羽生市

リンドウ　リンドウ科

`0.2〜1m`　春　夏　秋　冬

山地の日当りのいい草原に生える多年草。鐘形の青紫色の花は上向きに咲き、晴天のときだけ開く。

10月16日　横瀬町

フデリンドウ　リンドウ科

`5〜10cm`　春　夏　秋　冬

日当りのいい草地に生える越年草。ハルリンドウと似る。淡青紫色の花は曇天や雨天時に筆先の形に閉じる。

5月18日　小鹿野町

センブリ　リンドウ科

`10〜20cm`　春　夏　秋　冬　`VU`

日当りのいい山野の草地に生える二年草。花は径1.5cm前後で5弁。健胃薬として昔から利用されている。

10月16日　横瀬町

チョウジソウ　キョウチクトウ科

`60cm前後` 春 夏 秋 冬 NT EN

やや湿った草地に生える多年草。花は径1.5cmほどで5裂する。近年激減しており環境省の絶滅危惧Ⅱ類に指定。　　5月5日　さいたま市

ガガイモ　キョウチクトウ科

`つる性` 春 夏 秋 冬

日当りのいい草地などで見られるつる性の多年草。花は径1cmほどの淡紅紫色の星形で内側に白い毛が密生する。　　8月10日　川越市

コバノカモメヅル　キョウチクトウ科

`つる性` 春 夏 秋 冬

山野の草原や湿地に生えるつる性の多年草。花は暗紫色で星形。ガガイモと同様に袋果をつける。

　　　　7月　上尾市　(撮影：荒木三郎氏)

ハシリドコロ　ナス科

`30〜60cm` 春 夏 秋 冬

山野の林下に生える多年草で有毒。根茎が野老（トコロ）に似て、食べると錯乱して走り回ることからの命名。　　4月16日　秩父市

ワルナスビ　ナス科
40～70cm　春 夏 秋 冬　外

北アメリカ原産の外来種。淡紫色のナスに似た5弁花を下向きにつける。外来生物法の要注意外来生物に指定。　　　6月29日　嵐山町

ハダカホオズキ　ナス科
0.6～1m　春 夏 秋 冬

山地の林縁などに生える多年草。実は1cmほど（円内）でホオズキに似るが袋に包まれない。

8月30日　北本市（円内：10月28日）

イワタバコ　イワタバコ科
10～20cm　春 夏 秋 冬

丘陵地から山地の日陰の湿った岩壁に生える多年草。花は径1～1.5cmほど。葉はタバコに似る。

8月6日　秩父市

キツネノマゴ　キツネノマゴ科
10～40cm　春 夏 秋 冬

県内各地の林縁や草地で見られる一年草。穂状花序に長さ1cmに満たない淡紅紫色の唇形花をつける。

8月23日　ときがわ町

ハグロソウ　キツネノマゴ科

20〜50cm　春　夏　秋　冬　NT

やや湿った林縁などの半日陰に生える多年草。紅紫色の花は長さ2cm、花弁が2枚しかない。

9月18日　熊谷市

キランソウ　シソ科

5〜15cm　春　夏　秋　冬

茎は直立せずに地面を這うように伸び、長さ1cmほどの濃い紫色の唇形花をつける。別名ジゴクノカマノフタ。

4月10日　小鹿野町

ジュウニヒトエ　シソ科

10〜25cm　春　夏　秋　冬

白もしくは薄紫色の花を幾重にも重ねたように咲く。日当りのいい丘陵地などで見られる。

4月22日　小鹿野町

ナギナタコウジュ　シソ科

30〜60cm　春　夏　秋　冬

丘陵地の道端などに生える一年草。花穂の片側だけに花がつく姿が薙刀に似る。生薬の原料になる。

10月9日　秩父市

ヒイラギソウ シソ科

30〜50cm　春 夏 秋 冬　EN EN

山地の木陰に生える多年草。花は長さ2〜3cmほどの青紫色で唇形花。葉はヒイラギに似て鋭い切れ込みがあるが、キランソウやジュウニヒトエと近縁。元来が関東地方と中部地方の一部にのみ自生する希少種であることに加え、盗掘の被害もあって激減している。環境省の絶滅危惧ⅠB類、埼玉県の絶滅危惧Ⅰ類に指定。

5月21日　小鹿野町

カキドオシ シソ科

5〜25cm　春 夏 秋 冬

空き地などで普通に見られる多年草。垣を通す繁殖力からの命名。生薬原料になり、疳の虫に薬効があるとされる。

4月10日　秩父市

セキヤノアキチョウジ シソ科

30〜90cm　春 夏 秋 冬

山地に生える多年草。総状に長さ2cmほどの青紫色の唇形花をつける。アキチョウジよりも花穂が長い。

10月1日　横瀬町

ホトケノザ　シソ科
`10～30cm`　春　夏　秋　冬

春早くから畑や道端などで普通に見られる。葉が蓮華座のように茎を包む姿から命名。春の七草のホトケノザは別種。4月1日　さいたま市

オドリコソウ　シソ科
`30～50cm`　春　夏　秋　冬

明るい林縁などに生え、肥沃な土壌を好む。花は白または淡紅色で茎に輪になってつく形が菅笠姿の踊り子に似るとして命名。5月18日　小鹿野町

ヒメオドリコソウ　シソ科　外
`10～25cm`　春　夏　秋　冬

ヨーロッパ原産の外来種で明治中期頃に帰化。道端などに群生し、暖地では一年中開花。オドリコソウ同様、種子はアリに運ばれる。

4月10日　小鹿野市

ラショウモンカズラ　シソ科
`20～30cm`　春　夏　秋　冬

山野の林下に生える。紫色の花は長さ4～5cmほどの唇形で、謡曲「羅生門の鬼」の渡辺綱に切られた鬼の腕に見立てた命名。

5月18日　小鹿野町

メハジキ　シソ科
`0.5～1.5m`　春　夏　秋　冬

河原や道端などに生える越年草。葉腋に長さ6～7mmの紅紫色の唇形花をつける。乾燥させたものが生薬「益母草」。

9月18日　熊谷市

アキノタムラソウ　シソ科
20〜80cm　春　夏　秋　冬

山野で見られる多年草で花期が長く晩秋まで咲く。花穂に淡い紫色の花を下から順につける。タムラソウはキク科で全くの別種。

6月29日　嵐山町

ウツボグサ　シソ科
20〜30cm　春　夏　秋　冬

弓矢を入れる道具の靭（ウツボ）に花穂が似ていることから命名。別名は「夏枯草（カコソウ）」、漢方薬として利用される。

8月28日　秩父市

キバナアキギリ　シソ科
20〜40cm　春　夏　秋　冬

山地の木陰などに生える多年草。葉および葉柄には毛が密生する。葉が琴柱（コトジ）に似ることからコトジソウという別名がある。

8月23日　横瀬町

オカタツナミソウ　シソ科
20〜50cm　春　夏　秋　冬　NT

丘陵地に生える多年草。タツナミソウに似るが花序が長く伸びず、花が固まって咲く。

6月10日　入間市

ヤマタツナミソウ　シソ科
10〜25cm　春　夏　秋　冬

山地の木陰に生える多年草。花は青紫色の唇形で、長い花序の一方向に偏ってつく。葉は卵状三角形。

6月25日　横瀬町

209

イヌゴマ シソ科

30〜70cm　春 夏 秋 冬

湿ったところに生える多年草。茎先に長さ1.5cmほどの淡紅色の唇形花を輪生状に数段つける。俗称チョロギダマシ。7月9日　さいたま市

サギゴケ ハエドクソウ科

10〜15cm　春 夏 秋 冬

水田の畔など湿気のあるところを好む。地面を這うように伸び、紅紫色の唇形花をつける。別名ムラサキサギゴケ。4月17日　さいたま市

ナンバンギセル ハマウツボ科

15〜20cm　春 夏 秋 冬　VU

ススキなどイネ科植物に依存する一年草の寄生植物で葉緑素を持たない。ミョウガ畑にも発生する。
9月15日　滑川町

ヤセウツボ ハマウツボ科

15〜40cm　春 夏 秋 冬　外

原産地はヨーロッパから北アフリカの外来種で牧草に混入して拡散したとされる。アカツメクサなどマメ科植物に寄生する。6月3日　富士見市

オオバコ オオバコ科

10〜20cm 春 夏 秋 冬

道端や空き地などに生える多年草。踏みつけられる環境に適応している。生薬として用いられ、咳止めなどに効果があるとされる。

6月15日　北本市

ヘラオオバコ オオバコ科

30〜80cm 春 夏 秋 冬

ヨーロッパ原産の帰化植物で道端や河原に生える。世界中に拡散していて、日本でも要注意外来生物に指定されている。外

5月7日　入間市

オオアブノメ オオバコ科

10〜20cm 春 夏 秋 冬 VU EN

湿地に生える一年草。長さ4〜5mmの白い筒状の花を葉腋につける。茎は太く直立。関東以北に多い。アブノメは虻の目。

6月　上尾市　（撮影：荒木三郎氏）

オオイヌノフグリ オオバコ科

10〜20cm 春 夏 秋 冬 外

道端などでも見られるヨーロッパ原産の帰化植物。在来のイヌノフグリ（絶滅危惧種）を駆逐。

2月25日　小鹿野町

クワガタソウ オオバコ科

10〜20cm 春 夏 秋 冬

山地の林縁に生える多年草。果実につく萼が兜の鍬形に似ているとして命名。従来はゴマノハグサ科に分類されていた。

5月14日　秩父市

タヌキモ　　タヌキモ科

10〜20cm　春 夏 秋 冬　NT CR

根がなく池沼に浮遊する多年生の食虫植物。水中の葉に多数の捕虫嚢をつけミジンコなどの微小な動物を捕える。　　7月12日　羽生市

シシウド　　セリ科

1〜2m　春 夏 秋 冬

草丈が1〜2mにもなる大型の多年草で山地の草原に生える。傘形の散形花序は大きなもので50cmにも達する。　　7月30日　入間市

セントウソウ　　セリ科

10〜35cm　春 夏 秋 冬

低山から山地の林内に生える。直径2〜3mmほどの小さな白い花を複散形花序に多数つけ、暗い林内では目立つ。　　4月2日　秩父市

イブキボウフウ　　セリ科

30〜100cm　春 夏 秋 冬　NT

日当りのいい山地の草原に生える多年草。径3〜6cmほどの複散形花序に白色の小さな5弁花を多数つける。　　7月6日　小鹿野町

オトコエシ　スイカズラ科
0.6〜1m　春 夏 秋 冬

日当りのいい草地に生える多年草。オミナエシ（女郎花）に対し男性的な感じがするのでオトコエシ（男郎花）という。

8月23日　横瀬町

オミナエシ　スイカズラ科
0.6〜1m　春 夏 秋 冬　EN

日当りのいい草地に生える多年草。秋の七草の一つ。環境の変化により自生のものは減少している。

8月28日　秩父市

ツリガネニンジン　キキョウ科
0.3〜1m　春 夏 秋 冬

丘陵地から山地帯の草原や畦などに生える多年草。釣鐘状の淡紫色の花が輪生する。

8月15日　入間市

ソバナ　キキョウ科
0.5〜1m　春 夏 秋 冬

山地の草原や林縁などに生える多年草。ツリガネニンジンに似るが、雌しべは花からあまり突出しない。

8月23日　横瀬町

213

ホタルブクロ　キキョウ科
`40〜80cm`　春 夏 秋 冬

林縁や草原でごく普通に見られる多年草。花の色は白から紅紫色まで多岐にわたる。山野草として栽培されることがある。　6月25日　小鹿野町

ヤマホタルブクロ　キキョウ科
`30〜60cm`　春 夏 秋 冬

ホタルブクロの変種で山地に多い。ホタルブクロとの識別は萼の裂片の間が反り返らないことで可能。
　　　　　　　　　7月3日　秩父市

ツルニンジン　キキョウ科
`つる性`　春 夏 秋 冬

森林に生えるつる性の多年草。別名ジイソブ(ソブはそばかすの意)。花色は外側が緑白色、内側は紫色の斑点が入る。　8月23日　横瀬町

バアソブ　キキョウ科
`つる性`　春 夏 秋 冬　VU EN

山野の林縁に生えるつる性の多年草。ジイソブ（ツルニンジン）に似るが、花は径2cmほどで小さい。
　　　7月　上尾市　(撮影：荒木三郎氏)

ヒメシロアサザ　ミツガシワ科

葉径3〜4cm　春 夏 秋 冬　VU　EN

池沼や水田などに生える多年生の水草。白い花は径8mmほどで、ガガブタに似るが小型。国の絶滅危惧Ⅱ類に指定。　8月6日　加須市

ガガブタ　ミツガシワ科

葉径7〜20cm　春 夏 秋 冬　NT　CR

低地の池沼に生える多年生の水草。白色の花は径1.5cmほど、5弁の周囲が細かく裂けて白い毛が生えたように見える。　7月18日　羽生市

アサザ　ミツガシワ科

花径5〜10cm　春 夏 秋 冬　NT　VU

池や沼の水の浅いところに生える。広楕円形の葉の間から花柄を伸ばして鮮やかな黄色の花を咲かせる。国の準絶滅危惧種。　7月2日　羽生市

オクモミジハグマ　キク科

30〜80cm　春 夏 秋 冬

山地の木陰などに生える多年草。モミジハグマの変種で、より北に分布する。頭花は3つの白い小花からなる。　8月23日　横瀬町

215

カワラハハコ キク科
30〜60cm 春 夏 秋 冬 VU

河川敷の礫地などに生える多年草。ヤマハハコの亜種。白く見えるのは総苞片で花は中心にある黄色部。

9月18日　熊谷市

ヤハズハハコ キク科
20〜40cm 春 夏 秋 冬 NT

山地の岩場に生える多年草。全体が白い毛で覆われる。葉の基部が茎に沿って翼状に流れる。

7月6日　小鹿野町

カワラヨモギ キク科
30〜80cm 春 夏 秋 冬 VU

河原の砂地に生える多年草。葉は細かく糸状に裂ける。大型で茎の下部が木質化する。漢方では利尿剤に利用。

9月18日　熊谷市

カワラニンジン キク科
0.4〜2m 春 夏 秋 冬 外

河原に生える越年草。古い時代に中国より薬用目的で移入。葉がニンジンに似る。県レッドデータブックより削除。9月　熊谷市（撮影：荒木三郎氏）

シラヤマギク　キク科

1〜1.5m　春 夏 秋 冬

低山や高原などで見られる多年草。頭花の舌状花は数が少なめでまばらに見える。下部の葉がハート形になる。　　　8月30日　北本市

ノコンギク　キク科

0.5〜1m　春 夏 秋 冬

林縁や河原などに生える多年草。ヨメナと酷似するが葉の表裏には短毛がある。舌状花は淡い青紫色。普通種。　　10月9日　横瀬町

シロヨメナ　キク科

1m前後　春 夏 秋 冬

山地の林縁などに生える多年草。葉の先が鋭く尖り、縁に大きな鋸歯がある。系統的にはノコンギクに近縁。　　　10月23日　北本市

ガンクビソウ　キク科

0.3〜1.5m　春 夏 秋 冬

山地の木陰に生える。黄色の頭花は径6〜8mmほどで枝先に下向きにつく。その姿が煙管の雁首に似ていることからの命名。　8月15日　入間市

タイアザミ　キク科
`1～2m`　春 夏 秋 冬

ナンブアザミの変種で別名トネアザミ。関東地方の山野に自生する。総苞片は長くて反り返る。大きいアザミの意。

9月18日　北本市

ノアザミ　キク科
`0.6～1m`　春 夏 秋 冬

草原や河川敷に広く分布。花を刺激すると花粉が浮き上がってくる。花期は5～8月、アザミ属で春に咲くものは珍しい。

6月25日　秩父市

ノハラアザミ　キク科
`0.4～1m`　春 夏 秋 冬

日当りのいい草地などに生える多年草。根生葉は花期まで残る。総苞片は粘らず短めでほとんど反り返らない。本州中部以北に分布。

9月13日　嵐山町

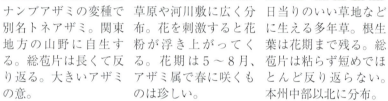

ハルジオン　キク科
`30～60cm`　春 夏 秋 冬　外

空き地などに普通に生える。北アメリカ原産でヒメジョオンと似るが、花が一回り大きく、開花期は春。

5月5日　北本市

ヒメジョオン　キク科
`0.3～1.5m`　春 夏 秋 冬　外

北アメリカ原産。茎を折ると空洞がなく、初夏から秋に咲くことでハルジオンと識別可能。ごく普通に見られる。

7月27日　北本市

ヒヨドリバナ キク科

1～2m　春 夏 秋 冬

林縁や草地などに生える多年草。白色の頭花を散房状に多数つける。フジバカマに似るが、葉は裂けない。変異が多い。　8月23日　横瀬町

ハハコグサ キク科

15～30cm　春 夏 秋 冬

茎頂の散房花序に黄色の花を多数つける。道端などで普通に見られる。御形（ゴギョウ）と呼ばれ春の七草の一つ。　5月18日　小鹿野町

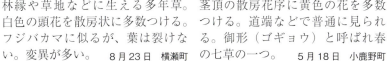

キツネアザミ キク科

0.6～1m　春 夏 秋 冬

道端や田畑に生える越年草。アザミと違い葉に刺がない。頭花は径2.5cmほどで上向きにつく。総苞は球形。有史以前渡来種。

5月7日　入間市

オオジシバリ キク科

20cm前後　春 夏 秋 冬

ジシバリに似るがやや大きく、葉がへら状。湿地を好み田んぼの畦道などで見られる。ジシバリと合わせイワニガナの別称がある。

5月5日　北本市

ジシバリ キク科

20cm前後　春 夏 秋 冬

平地の田んぼの畦道から山地の崩壊地まで広く分布。葉が円形～楕円形と丸い。地を這って根が張る様子を「地を縛る」としてジシバリ。　5月21日　小鹿野町

219

ニガナ　キク科

`30cm前後`　春 夏 秋 冬

平地から山地まで日当りのいい草地などに生える多年草。人家周辺でも普通に見られる。茎を折ると白い液汁が出る。

10月1日　横瀬町

カントウヨメナ　キク科

`0.5〜1m`　春 夏 秋 冬

関東以北の川べりなどに生える多年草。径3cmほどの淡紫色の花をつける。ユウガギクと似るが葉の切れ込みが小さい。

9月17日　さいたま市

ユウガギク　キク科

`0.4〜1.5m`　春 夏 秋 冬

山野の湿ったところに生える多年草。葉の質が薄く羽状に裂ける。頭花は径2.5cmほどで、舌状花は白色から淡青色。

10月23日　北本市

アキノノゲシ　キク科

`1.5〜2m`　春 夏 秋 冬

日当りのいい草地、荒地などに見られる。秋に径2cmほどの淡い黄色の花をつける。酷似するノゲシは春に咲く。

9月25日　北本市

センボンヤリ　キク科

`30〜60cm`　春 夏 秋 冬

山地の林縁に生える多年草。春型と秋型があり、千本槍に見えるのは秋型の花。春型にはムラサキタンポポの別名がある。

4月22日　小鹿野町

220

サワギク キク科
60〜90cm 春 夏 秋 冬

山地の沢沿いの林床に生える多年草。径1cm前後の黄色の頭花をつける。6月25日 小鹿野町

フキ キク科
20〜30cm 春 夏 秋 冬

蕗の薹が開くと写真のように花が咲く。食用として栽培される。
4月2日 秩父市

アキノキリンソウ キク科
20〜80cm 春 夏 秋 冬

丘陵地から山地の日当りのいい場所に生える多年草。黄色の花は総状。10月1日 横瀬町

タカオヒゴタイ キク科
35〜60cm 春 夏 秋 冬 CR

山地の林内に生える多年草で、根生葉が卵形でバイオリン形に大きくくびれるのが特徴。高尾山に因んだ命名。
10月9日 横瀬町

ヤブレガサ キク科
0.5〜1.2m 春 夏 秋 冬

芽吹きの葉が破れた傘のように見える。若芽は食用になる。その後大きく育って白い花（円内）をつける。
4月22日 小鹿野町（円内：7月6日）

オヤマボクチ キク科

1〜1.5m　春　夏　秋　冬

山地の日当りのいい草原に生える多年草。大きな花を下向きにつける。ヤマゴボウとして食用とされる。

シロバナタンポポ キク科

10〜30cm　春　夏　秋　冬

道端や野原に生える多年草で白い花をつける。西日本を中心に分布しており、県内では比較的数が少ない。日本在来種。

10月1日　横瀬町

4月17日　さいたま市

カントウタンポポ キク科

15〜30cm　春　夏　秋　冬

関東地方を中心に自生する在来種。総苞が反り返らないで花序を包み込む。セイヨウタンポポに駆逐され、急激に減少。

4月6日　所沢市

セイヨウタンポポ キク科

20〜40cm　春　夏　秋　冬　外

ヨーロッパ原産の外来種で総苞が反り返るのが特徴。最も普通に見られ、都市部ではほぼ本種のみが自生している。

4月24日　秩父市

ヤクシソウ キク科

0.3〜1.2m　春　夏　秋　冬

日当りのいい山野に生える。径1.5cmほどの黄色の頭花を多数つける。葉はさじ形。茎を折ると白い乳液が出る。

10月16日　横瀬町

7月6日 小鹿野町

キバナコウリンカ キク科

コウリンカに近縁。好石灰岩性で、石灰岩地の岩場や草地に限定的に生える多年草。花は径3.5cmほどで舌状花、筒状花ともに黄色。舌状花冠は長さが1.2～1.6cmほどで下に反り返ることが多い。総苞の下には苞がなく、総苞片は披針形で鋭頭。茎や下葉には白い蜘蛛毛がある。埼玉県秩父地方と隣接する群馬県多野郡のごく限られた地域だけに自生する貴重な植物だが、石灰岩の採掘により環境が破壊され絶滅の可能性が極めて高い。

イチョウ　イチョウ科
`20〜30m`　春 夏 秋 冬　外

中国原産で古くから植栽されている。分類学上は極めて特異で古代植物と考えられている。

9月29日　三郷市

コブシ　モクレン科
`10m以上`　春 夏 秋 冬

落葉高木。早春に直径6〜10cmほどの白い6弁花をつける。芽吹き前の山野でよく目立つ。

4月3日　入間市（円内：4月2日　秩父市）

ホオノキ　モクレン科
`20〜30m`　春 夏 秋 冬

落葉高木。白い花は径20cmほどもある。葉も大きく、朴葉味噌などで知られる。

5月14日　秩父市

ソシンロウバイ　ロウバイ科
`2〜5m`　春 夏 秋 冬　外

落葉低木で中国原産。ロウバイと似るが写真のように花全体が淡い黄色のものは本種。ロウバイは花の中心部が暗紫色。

2月25日　小鹿野町

アブラチャン　クスノキ科

`3〜6m` 春 夏 秋 冬

早春に咲く落葉低木。雌雄異株で花は淡黄緑色。ダンコウバイに似るが花柄がつく。葉に芳香がある。

4月2日　秩父市

クロモジ　クスノキ科

`2〜6m` 春 夏 秋 冬

山地で見られる落葉低木。雌雄異株で葉とほぼ同時に黄緑色の花を散形花序につける。芳香があり、楊枝に使われる。

4月29日　秩父市

フサザクラ　フサザクラ科

`3〜8m` 春 夏 秋 冬

山地の渓流沿いに生える落葉高木。早春、葉が出る前に花弁がない暗紅色の花をつける。県内では秩父地方で見られる。

4月2日　小鹿野町

アケビ　アケビ科

`つる性` 春 夏 秋 冬

落葉性のつる植物。花は淡い紫色で総状花序の先に雌花、基部に雄花をつける。葉は5枚。食用。

5月5日　北本市

ミツバアケビ　アケビ科

| つる性 | 春 | 夏 | 秋 | 冬 |

丘陵地から山地の林縁に生える落葉性のつる植物。葉は3枚。食用およびつる細工の原料に用いられる。
　　　　　　　　　4月29日　秩父市

キブシ　キブシ科

| 3〜6m | 春 | 夏 | 秋 | 冬 |

早春、葉が出る前に穂状に垂れ下がった淡い黄色の花をつける落葉低木。山地の日当りのいい場所に生える。
　　　　　　　　　4月16日　秩父市

センニンソウ　キンポウゲ科

| つる性 | 春 | 夏 | 秋 | 冬 |

日当りのいい山野に生えるつる性植物。ボタンヅルに似るが葉は卵形で羽状複葉。花弁に見えるのは萼。
　　　　　　　　　8月23日　ときがわ町

ボタンヅル　キンポウゲ科

| つる性 | 春 | 夏 | 秋 | 冬 |

日当りのいい山野の林縁に生えるつる性の半低木。葉は対生し1回3出複葉。小葉は卵形で粗い鋸歯がある。
　　　　　　　　　8月23日　横瀬町

アカメガシワ　トウダイグサ科

`5〜10m`　春 夏 秋 冬

山野に普通に見られる落葉高木で、いち早く空き地に進出するパイオニア植物。雌雄異株。新芽が赤い。

6月29日　嵐山町

フジ　マメ科

`つる性`　春 夏 秋 冬

つる性の落葉木本。つるは時計回り。左巻きのものはヤマフジという別種で近畿地方以西に自生。

5月5日　北本市

ネムノキ　マメ科

`10m以上`　春 夏 秋 冬

日当りのいい林縁などに生える落葉高木。花は夕方に開き朝には萎むが、逆に葉は朝開き夕方には閉じる。

7月2日　羽生市

コマツナギ　マメ科

`0.5〜1m`　春 夏 秋 冬

日当りのいい場所に生える落葉小低木。総状花序に蝶形花をつける。馬を繋いでも切れないほど丈夫なことから命名。

7月6日　小鹿野町

ヤマハギ　マメ科

1〜2m　春 夏 秋 冬

丘陵地〜山地の日当りのいい場所に生える落葉低木。紅紫色の蝶形花で、葉は3出複葉。アメリカでは野生化している。　8月23日　横瀬町

ハリエンジュ　マメ科

8〜15m　春 夏 秋 冬　外

北アメリカ原産の落葉高木。通称ニセアカシア。総状花序に白色の蝶形花を多数つけ、ハチミツの蜜源として有用。　5月15日　入間市

エドヒガン　バラ科

15〜20m　春 夏 秋 冬

サクラの野生種で、ソメイヨシノより早く彼岸の頃開花する。長命で巨木となり、山梨県の神代桜は樹齢1800年、岐阜県の薄墨桜は樹齢1500年といわれる。ソメイヨシノの原種でもありよく似るが、萼筒の形が丸い壺形なのが特徴。花期が葉をつける前に到来するので、ウバヒガンの異名がある（姥「ウバ」には歯「葉」がない）。花を多くつける特性があり、多くの栽培種の母種とされる。

3月25日　北本市

228

ヤマザクラ　バラ科

20〜25m　春 夏 秋 冬

山野に広く自生する落葉高木。代表的な日本の野生種で古来サクラとは本種を指す。ソメイヨシノと異なり花と葉が同時につく。写真の葉は赤紫色だが変異が大きく褐色や緑色のものもある。花は径2.5〜3.5cmほどの5弁花で白色か淡紅色。葉は倒卵形から長楕円形で互生する。

4月6日　所沢市

クサボケ　バラ科

30〜60cm　春 夏 秋 冬

日当りのいい山野に生える落葉小低木。径2.5cmほどの朱紅色の花はよく目立つ。葉は倒卵形で互生する。低い位置で分枝し地を這う。枝には刺がある。果実は秋に黄熟し、リンゴのような芳香を持つので果実酒に利用される。一般に植栽されるボケは中国原産の外来種。

4月6日　入間市

ヤマブキ　バラ科

1〜2m　春 夏 秋 冬

北海道〜九州にかけて分布し、低山の林縁などに群生する。分類上、落葉低木とされるが茎は柔らかい。径3〜4cmほどの黄色の5弁花を多数つける。古くから園芸用に愛好され一重咲きと八重咲きのものがある。ヤマブキ属はヤマブキ1種のみで構成され、近縁種はない。

4月29日　小鹿野町

ウワミズザクラ バラ科

10〜20m 春 夏 秋 冬

山野に自生する落葉高木。長さ10cmほどの総状花序に白色の小さな5弁花を多くつける。古称は波波迦（ハハカ）。　5月3日　寄居町

クサイチゴ バラ科

30〜50cm 春 夏 秋 冬

日当りのいい林床などに生える落葉小低木。果実は径1cmほどで赤く熟し食べることができる。

4月29日　小鹿野町

シモツケ バラ科

1m 春 夏 秋 冬

山地に生える落葉低木。下野国（栃木県）に産したことから命名。耐寒性があり高地にも生える。

7月6日　小鹿野町

イワシモツケ バラ科

0.5〜2m 春 夏 秋 冬 EN

亜高山帯の岩場に生える落葉低木で特に石灰岩地を好む。花は径8mmほどの5弁花で白。日本固有種。

7月6日　小鹿野町

ニガイチゴ バラ科

`0.5〜1m` 春 夏 秋 冬

山野に自生する落葉低木。花は径2cmほどの白い5弁花。実は赤く熟し食べられるが、核が苦い。

4月17日 入間市（円内：6月19日）

モミジイチゴ バラ科

`1〜2m` 春 夏 秋 冬

葉がモミジに似た落葉低木で山野に生える。白い花を下向きにつける。実（円内）は黄色でおいしい。

4月16日 秩父市（円内：6月25日）

コゴメウツギ バラ科

`1〜2m` 春 夏 秋 冬

山地帯で見られる落葉低木。小さな白い花を多数つける様子を「小米」に見立てて命名。

5月15日 入間市

雌花序

雄花序

ヒメコウゾ クワ科

`2〜5m` 春 夏 秋 冬

低山の林縁に生える落葉低木。葉は卵形から広卵形で互生。和紙原料のコウゾの原種にあたる。

5月5日 北本市

クリ ブナ科

10m以上　春 夏 秋 冬

落葉高木で古くから栽培される。自生するものは比較的実が小さく、俗にヤマグリやシバグリと呼ばれる。

6月12日　北本市

クヌギ ブナ科

15〜20m　春 夏 秋 冬

里山の雑木林を代表する落葉高木。丸く大きなドングリをつける。茶道に使われる最高級木炭の原料。

4月30日　さいたま市

イロハモミジ カエデ科

10〜15m　春 夏 秋 冬

県内全域で見られる落葉高木。多くの園芸種の原種となっている。花は春に咲き、径5mm前後の暗赤色で5弁花。

撮影：荒木三郎氏

オオモミジ カエデ科

10〜15m　春 夏 秋 冬

山地に生える落葉高木。イロハモミジに似るが葉が大きく鋸歯が細かい。葉は対生で7〜9裂する。

5月8日　横瀬町

ホソエカエデ カエデ科
10〜15m 春 夏 秋 冬

山地に生える落葉高木。ウリハダカエデに似るが開花時期が遅く、葉の下に長い花序をつける。数は少ない。
5月25日 秩父市

ウリハダカエデ カエデ科
8〜10m 春 夏 秋 冬

山地に普通に見られる落葉高木。若い樹皮は緑色で、未熟なマクワウリに似た模様になる。
5月8日 横瀬町

ハウチワカエデ カエデ科
10〜15m 春 夏 秋 冬

山地に生える落葉高木。葉は対生で掌状に9〜11裂する。別名メイゲツカエデ。日本固有種。
5月25日 秩父市

トチノキ トチノキ科
25〜30m 春 夏 秋 冬

山地に見られる落葉高木。街路樹として植栽されるマロニエは近縁。大きな倒卵形の小葉5〜7枚が掌状につく。
5月18日 小鹿野町

ミズキ　ミズキ科
`10〜20m`　春 夏 秋 冬

県内全域で見られる落葉高木。葉は広楕円形で先が尖り互生する。散房花序に小さな白い4弁花を多数つける。　　4月30日　さいたま市

クマノミズキ　ミズキ科
`8〜12m`　春 夏 秋 冬

丘陵地から山地に見られる落葉高木。ミズキに似るが葉が対生するのが識別点。「クマノ」は三重県熊野から。　　6月29日　嵐山町

ヤマボウシ　ミズキ科
`5〜15m`　春 夏 秋 冬

山地に生える落葉高木。白く花弁のように見えるのは総苞片で真ん中が頭状花。9月頃赤く熟した球形の実をつける。　6月24日　寄居町

ヒメウツギ　アジサイ科
`1〜1.5m`　春 夏 秋 冬

谷沿いの岩場などに生える落葉低木。白い花を円錐花序に多数つける。石灰岩地や蛇紋岩地にも生える。日本固有種。　5月21日　小鹿野町

マルバウツギ　アジサイ科

1～1.5m　春 夏 秋 冬

丘陵地から山地に生える落葉低木。葉は長さ3～6cmほどの卵形でウツギに比べると丸い。関東以西に分布。

5月14日　飯能市

タマアジサイ　アジサイ科

1.5～2m　春 夏 秋 冬

開花前の苞に包まれた状態が玉状になる。小さな両性花の周りを4弁の装飾花が囲む。

7月24日　小鹿野町

コアジサイ　アジサイ科

0.5～1m　春 夏 秋 冬

白色から淡い紫色の小さな5弁花をたくさんつける。装飾花を持たない。別名シバアジサイ。

6月3日　入間市

ガクウツギ　アジサイ科

1～2m　春 夏 秋 冬

山地の木陰に生える落葉低木。萼の大きさが不揃いな白色の装飾花が特徴。中心に淡黄緑色の両性花をつける。

5月25日　秩父市

235

ノリウツギ アジサイ科

`2〜5m` 春 夏 秋 冬

丘陵帯から山地帯で見られる落葉低木。径2cmほどの白い花を多数つける。和紙を作る際の糊として使われた。

7月3日　小鹿野町

ヤマアジサイ アジサイ科

`1〜2m` 春 夏 秋 冬

丘陵地から山地の樹林内や林縁に生える落葉低木。多数の小さな両性花とその回りに装飾花をつける。

6月25日　小鹿野町

イワガラミ アジサイ科

`つる性` 春 夏 秋 冬

山地の岩などを這い登るつる性木本。両性花の回りの装飾花の萼片は1枚のみ。

6月25日　秩父市

ヤブツバキ ツバキ科

`5〜15m` 春 夏 秋 冬

海岸や山地などに生える常緑高木。花弁の基部が合着しているため花ごと散る。ツバキ油の原料。

4月6日　所沢市

エゴノキ　エゴノキ科

`7m前後` `春` `夏` `秋` `冬`

丘陵地～山地に見られる落葉小高木。花冠が5つに深く裂けた白い花を下向きに多数つける。別名チシャノキ。

6月3日　入間市

マタタビ　マタタビ科

`つる性` `春` `夏` `秋` `冬`

低山に生える落葉性のつる植物。つるの先端部の葉は花期に白くなる。ネコが恍惚状態になることで知られる。

6月25日　秩父市

リョウブ　リョウブ科

`3～6m` `春` `夏` `秋` `冬`

総状花序に白い5弁花を多数つける。葉は長楕円形で互生する。茶褐色の樹皮がはがれてまだら状になる。

7月3日　秩父市

サラサドウダン　ツツジ科

`2～5m` `春` `夏` `秋` `冬` `NT`

深山に生える落葉低木。花は長さ1cmほどの鐘形、淡黄色で先が紅色を帯びる。葉は楕円形で枝先に輪生状につく。

6月22日　秩父市

ベニドウダン　ツツジ科
2〜4m　春 夏 秋 冬　NT

山地に生える落葉低木。真っ赤な鐘形の花を多数つける。県内では奥秩父の山で見られる。別名チチブドウダン。
5月18日　小鹿野町

コヨウラクツツジ　ツツジ科
1〜2m　春 夏 秋 冬

亜高山帯の岩地に生える落葉低木。酸性土壌を好む。花は壷形で枝先に3〜5個が吊り下がって咲く。
5月18日　小鹿野町

トウゴクミツバツツジ　ツツジ科
2〜3m　春 夏 秋 冬

山地に自生する落葉低木。関東〜中部地方に多いことからトウゴク（東国）。近縁種サイゴクミツバツツジなど。ミツバツツジと似るが雄しべの数が異なり、本種は10本でミツバツツジは5本。開花期はミツバツツジより遅れ、標高もより高いところで見られる。別名イワヤマツツジ。
5月21日　小鹿野町

ミツバツツジ　ツツジ科

2〜3m　春 夏 秋 冬

関東〜東海〜近畿東部にかけて見られる落葉低木で低山の日当りのいい場所に自生。枝先に長さ4〜7cmほどの菱形状広卵形の葉が3枚輪生状につく。紅紫色の花は径3〜4cmほどの漏斗状で5裂する。他のミツバツツジ類と異なり雄しべは5本。庭木として人気がある。

4月22日　小鹿野町

ヤマツツジ　ツツジ科

1〜4m　春 夏 秋 冬

丘陵地〜山地の林内などで見られる半落葉低木。葉は楕円形で枝先に輪生状に集まってつく。径4〜5cmほどで雄しべが5本ある朱赤色の花をつける。日本の山野に咲くツツジとしては代表的な種で分布域も最も広範囲にわたり、県内でも狭山丘陵や秩父地方など各地で見られる。

5月18日　小鹿野町

ヒカゲツツジ　ツツジ科

1〜2m　春 夏 秋 冬　VU

山地の崖や岩の上などで見られる常緑低木。淡黄色の花は径3〜4cmの漏斗状鐘形で枝先に2〜5個つける。葉は広披針形から披針形で枝先に集まって輪生状に互生する。別名サワテラシ。写真は山の急斜面に咲いていたものを鎖場の鎖に捕まって片手で撮影した。

5月21日　小鹿野町

アカヤシオ　ツツジ科

`2〜5m` 春 夏 秋 冬 VU

山地の岩場に生える落葉低木。花は桃色で径5cmほど、花冠は深く5裂し雄しべは10本。花は葉が出る前に咲き、葉は楕円形で枝先に5枚が輪生する。アケボノツツジの変種とされ、シロヤシオなどと総称してヤシオツツジと呼ばれる。写真は両神山山頂に咲いていたもの。

５月18日　小鹿野町

シロヤシオ　ツツジ科

`4〜7m` 春 夏 秋 冬 NT

山地に自生する落葉低木で主にブナ帯で見られる。白い花は径3〜4cmほどの漏斗状で花冠は5中裂し、雄しべは10本。葉が5枚輪生することからゴヨウツツジとも呼ばれる。花の意匠は敬宮愛子内親王のお印に用いられている。県内では秩父地方の一部の山にのみ自生し、県の絶滅危惧Ⅰ類に指定。

５月25日　秩父市

アズマシャクナゲ　ツツジ科
2〜4m　春 夏 秋 冬　NT

亜高山帯の林内や稜線上に自生する常緑低木。狭長楕円形の葉は革質で互生する。濃いピンクの花は漏斗状で先が5裂し、開花するにつれ色が薄れる。雄しべは10本。県内では長野県境の十文字峠が自生地として有名。奥秩父の雲取山や両神山などでも見られる。シャクナゲは常緑のツツジ属の総称。

5月21日　小鹿野町

アオキ　ガリア科
2〜3m　春 夏 秋 冬

県内に広く分布する常緑低木。公園などに植栽されていることも多い。果実は赤く2cmほど（円内）。

4月13日　入間市（円内：3月11日）

テイカカズラ　キョウチクトウ科
つる性　春 夏 秋 冬

常緑のつる性木本。径2cmほどの白い花は時間の経過とともに黄変し、ジャスミンのような芳香がある。

6月10日　入間市

241

ムラサキシキブ　シソ科

`2〜3m` 春 **夏** 秋 冬

丘陵地や低山に生える落葉低木。果実は紫色（円内）だが、栽培種には白いものもある。

7月3日　秩父市　（円内：10月4日　他県）

クサギ　シソ科

`3〜5m` 春 **夏** 秋 冬

落葉小高木。葉や花に独特の強い臭気がある。花は白いが萼は平開すると紅紫色になる。

7月27日　北本市

キリ　キリ科

`10m以上` 春 夏 秋 冬 **外**

中国原産の外来種。植栽木から種子が撒布されて野生化したものが各地で見られる。

5月8日　寄居町

マルバアオダモ　モクセイ科

`5〜15m` **春** 夏 秋 冬

低山に生える落葉高木。円錐花序に線状の白い花を多数つける。小葉は卵形から卵状長楕円形で丸くはない。

5月5日　北本市

イボタノキ　モクセイ科

山野で普通に見られる落葉低木。小さな白い花を総状に多数つける。ライラックの台木として使われる。

6月3日　さいたま市

ハナイカダ　ハナイカダ科

山野に生える落葉低木。淡緑色の径5mmほどの花を葉の中央につけ、花が筏（葉）に乗ったように見える。

5月8日　寄居町

ニワトコ　レンプクソウ科

日当りのいい山野に生える落葉低木。小さな淡黄白色の花を多数つける。枝や幹を煎じて水飴状になったものは骨折時の湿布薬として使われ「接骨木」と呼ばれた。

4月17日　入間市

オオカメノキ　レンプクソウ科

県内では奥秩父のブナ林内で見られる落葉低木。大きな亀の甲のような葉の形状から命名された。別名ムシカリ。5深裂した外側の白い花に見えるものは装飾花。

5月21日　小鹿野町

オトコヨウゾメ　レンプクソウ科

1～3m　春 夏 秋 冬

山地に生える落葉低木。枝先の散房花序に径1cmに満たない白い花をつける。日本固有種。別名コネソ。

4月30日　入間市

ツクバネウツギ　スイカズラ科

2m　春 夏 秋 冬

丘陵地や山地に生える落葉低木。花は黄白色で内側に黄色の斑紋がある。果実が羽根つきの羽根に似る。

5月4日　入間市

オオツクバネウツギ　スイカズラ科

2～3m　春 夏 秋 冬

丘陵地や山地に生える落葉低木。ツクバネウツギによく似るが5枚の萼片のうちの1枚が小さい。

5月14日　秩父市

ウグイスカグラ　スイカズラ科

2m　春 夏 秋 冬

山野に生える落葉低木。ヤマウグイスカグラの変種。淡紅色の花は漏斗形。実は食用になる。

4月3日　入間市

スイカズラ　スイカズラ科

つる性　春 夏 秋 冬

常緑のつる性木本。花は白から黄へ色変わりするので金銀花の別名がある。蜜腺があり吸うと甘い。

5月25日　嵐山町

コウヤボウキ　キク科

0.5～1m　春　夏　秋　冬

乾燥した山林内に生える草本状の落葉小低木。枝は細いが木質で硬く、キク科では珍しい木本に分類される。白い花は長さ1.5cmほどで、その年に伸びた1年目の枝の先に1輪ずつ咲く。ほうきの原料とされ古名は「たまははき」。標準和名も高野山でほうきに利用されたことから命名されている。

10月23日　北本市

スギナ　トクサ科

10～40cm　春　夏　秋　冬

写真はいわゆるツクシでスギナの胞子茎。栄養茎が一般的にスギナと言われる。　4月13日　入間市

イヌスギナ　トクサ科

20～60cm　春　夏　秋　冬　NT

日当りのいい湿地などに群生する。スギナと異なり栄養茎の先端にツクシが出る。　6月15日　北本市

ヒロハハナヤスリ　ハナヤスリ科

10～30cm　春　夏　秋　冬　EN

原野などに自生。形態が特殊なシダ植物で系統上も特殊。胞子葉が棒ヤスリに似る。　4月16日　秩父市

ゼンマイ　ゼンマイ科

0.5～1m　春　夏　秋　冬

山野に自生するシダ植物。若芽は山菜として有用。写真は生長したもの。　5月4日　入間市

ウチワゴケ コケシノブ科

径1cm　春 夏 秋 冬

森林内に生える着生植物でシダ植物。コケ植物と混生する。葉の形が団扇型。　　5月14日　秩父市

イノモトソウ イノモトソウ科

10〜25cm　春 夏 秋 冬

人家周辺の石垣などで普通に見られる。井戸のそばに多かったことから命名。　　10月23日　北本市

ミズワラビ ホウライシダ科

40〜50cm　春 夏 秋 冬　NT

水田や沼地などに生える一年生の水草でシダ植物。県の準絶滅危惧種。　　8月22日　北本市

ハコネシダ ホウライシダ科

20〜40cm　春 夏 秋 冬

山地の岩の側面などでよく見られる常緑のシダ植物。小葉はハート形。　　4月29日　小鹿野町

ベニシダ オシダ科

60〜90cm　春 夏 秋 冬

草原や明るい林内で見られる常緑性のシダで、若葉が赤い。栽培種も多い。　　5月5日　川口市

ジュウモンジシダ オシダ科

40〜70cm　春 夏 秋 冬

森林内に自生。頂羽片の下部から左右に側羽片がでて十字形に見える。　　5月8日　寄居町

シシガシラ　シシガシラ科
40cm前後　春 夏 秋 冬

湿った場所に自生する普通種。日本固有種だが琉球列島には分布しない。　　　7月23日　茨城県

トラノオシダ　チャセンシダ科
20〜40cm　春 夏 秋 冬

人里の石垣などで普通に見られる。細かく分かれた細長い葉が特徴。
　　　　　　　　　5月5日　川口市

クモノスシダ　チャセンシダ科
10〜20cm　春 夏 秋 冬　NT

好石灰岩性の常緑シダ。葉の先端が伸びて周辺の岩に付着し、個体を増やす。　　　8月6日　秩父市

ノキシノブ　ウラボシ科
10cm　春 夏 秋 冬

常緑性のシダ。軒先や木の樹皮などに生える普通種。葉は細長い単葉。　　　　　9月25日　北本市

デンジソウ　デンジソウ科
7〜20cm　春 夏 秋 冬　EN CR

四葉のクローバーのような葉をつけるシダ植物で水生。漢字表記は「田字草」で葉の形に由来。水田の雑草として普通に見られたが激減し、環境省の絶滅危惧Ⅱ類に指定。　　　7月22日　久喜市

247

コスギゴケ　スギゴケ科
2〜3cm　春 夏 秋 冬

山道や土手のやや日当たりがよい場所に生えるコケ。秋から冬に胞子体ができる。　10月13日　横瀬町

ヒカリゴケ　ヒカリゴケ科
0.8cm　春 夏 秋 冬　天 NT CE

洞窟などに生え光を反射して緑色に光る。吉見百穴のものは天然記念物。国の準絶滅危惧種。　3月7日　吉見町

ギンゴケ　ハリガネゴケ科
1cm　春 夏 秋 冬

敷石の隙間などに生える最普通種。世界中で見られるコケで南極大陸でも生育している。　11月12日　秩父市

イチョウウキゴケ　ウキゴケ科
1cm　春 夏 秋 冬　VU NT

浮遊性で水田や池で見られ、葉状体がイチョウの葉形。水が涸れると泥に着生して生育。　6月3日　さいたま市

ゼニゴケ　ゼニゴケ科
2〜5cm　春 夏 秋 冬

日本全国人家周辺などでごく普通に見られるコケで植物体は平らな葉状体。　4月9日　東京都

ジャゴケ　ジャゴケ科
長5〜10cm　春 夏 秋 冬

湿った場所に生育するコケで、葉状体の表面にヘビに似た模様があるのが特徴。　8月6日　秩父市

ムラサキシメジ キシメジ科
傘 6～10 cm　春　夏　秋　冬

雑木林などに生える落葉分解性のキノコ。円弧状に複数が発生する現象は「フェアリーリング」と呼ばれる。
10月18日　長静町

ナラタケモドキ キシメジ科
傘 4～6 cm　春　夏　秋　冬

ナラタケに似るが柄にツバがない。広葉樹の枯木に群生し食用になるが、生食には適さない。
8月15日　入間市

ハナオチバタケ キシメジ科
傘 0.8～1.5 cm　春　夏　秋　冬

落葉分解性。針金のような細い柄にランプシェードのような傘をつける。傘の色は褐色のものもある。
6月19日　入間市

テングタケ テングタケ科
傘 4～25 cm　春　夏　秋　冬

暗褐色から灰褐色の傘に白いつぼの破片がいぼのように点在する毒菌。別名ハエトリタケ。雑木林などに生える。
8月10日　北本市

タマゴタケ　テングタケ科
傘6〜18cm　春　夏　秋　冬

ブナ科やマツ科の樹木と共生する。傘は赤や橙赤色で条線が入る。柄の基部に卵のような白いつぼがある。
8月23日　横瀬町

シロオニタケ　テングタケ科
傘9〜20cm　春　夏　秋　冬

全体に白く傘の表面に円錐状のイボイボがたくさんつく。柄は長さが12〜22cmほどで基部が大きくふくらむ。
8月13日　北本市

ヒトヨタケ　ナヨタケ科
傘5〜7cm　春　夏　秋　冬

枯木に生える腐生菌。傘は灰白色の鐘形で条線が入る。傘が開ききる前に黒くなり液状化する。英名インクキャップス。
6月19日　入間市

イヌセンボンタケ　ナヨタケ科
傘1〜2cm　春　夏　秋　冬

傘は白に近い薄い灰色の釣鐘形で表面には放射状の条線がある。朽ち木や倒木などに群生する。無毒だが食用にしない。
6月19日　入間市

キイボカサタケ　イッポンシメジ科

傘1～6cm　春 夏 秋 冬

傘の先にイボ状の突起がある。針葉樹や広葉樹の林内で見られる。黄色が目立つ華奢なキノコで、食毒ははっきりしない。　8月6日　秩父市

ムラサキヤマドリタケ　イグチ科

傘5～10cm　春 夏 秋 冬

クヌギやコナラなどの広葉樹林内の地上に発生。傘は暗紫色だが古くなると黄斑が入る。ポルチーニ茸と近縁で食用。　8月10日　北本市

ヒトクチタケ　サルノコシカケ科

径2～4cm　春 夏 秋 冬

枯れたマツに生える。裏面の膜が破れると魚が腐ったような臭いが発生し、昆虫が集まる。食用には不適。　7月9日　さいたま市

マイタケ　サルノコシカケ科

径30cm前後　春 夏 秋 冬

ミズナラやサクラ、クリなどの老木の根元に発生する。栽培品が多く流通しているが、天然のものは数少ない。　10月　北本市（撮影：荒木三郎氏）

コフキサルノコシカケ　サルノコシカケ科
径5～50cm　春　夏　秋　冬

多年生で毎年成長を続けるため大きなものは径50cmにもなることがある。表皮は厚くて硬く灰褐色を呈する。　　　5月14日　秩父市

ツリガネタケ　サルノコシカケ科
径5～30cm　春　夏　秋　冬

ブナの立ち枯れや倒木などに発生する。写真は径5cmほどの小型のものだが大型のものは30cmほどにもなる。　　　4月16日　秩父市

カワラタケ　タマチョレイタケ科
径2～5cm　春　夏　秋　冬

白色腐朽菌で、枯れ木や倒木などに瓦状に重なって生える。柄はなく、薄くて小さいが硬い。食用にされない。　　　9月13日　嵐山町

ツチグリ　ツチグリ科
径2～4cm　春　夏　秋　冬

山の道端や崖などの土の上に出る。成熟すると外皮が星形に裂けて開き、中の球状の袋から胞子を飛散させる。　　　2月8日　北本市

オニフスベ　ホコリタケ科

| 径20〜40cm | 春 | 夏 | 秋 | 冬 |

一夜にして発生し、巨大キノコとしてよく話題になる。バレーボールほどの大きさがあり竹林に多い。幼菌は白く食用になるが成熟すると茶色くなり、胞子を飛散させ消失する。「オニフスベ」は「鬼のイボ」という意味。

8月22日　北本市

ノウタケ　ホコリタケ科

| 径5〜10cm | 春 | 夏 | 秋 | 冬 |

林内の腐った落葉が積もったようなところに発生。表皮が破れると胞子を煙のように飛ばす。漢字表記は「脳茸」。

8月10日　北本市

ホコリタケ　ホコリタケ科

| 高4〜6cm | 春 | 夏 | 秋 | 冬 |

山野に普通。球状の頭部に柄がつく。成熟すると穴が開き、胞子を飛ばす。別名キツネノチャブクロ、英名パフボール。

7月3日　小鹿野町

キヌガサタケ スッポンタケ科

15〜18cm 春 夏 秋 冬

梅雨時期と秋、竹林に多く発生する腐生菌。柄は中空で小さな穴が無数に開く。網目状の菌網（ベール）が特徴的で「キノコの女王」と呼ばれるが、わずか数時間でしぼんでしまう。胞子の分散は昆虫によって行われるため、頭部から悪臭を伴う粘液を分泌してハエなどを誘引する。食用となり、中国とりわけ広東料理では高級食材として珍重される。本県では準絶滅危惧種に指定されており、個体数は多くない。

8月6日 北本市

エリマキツチグリ　ヒメツチグリ科

径3〜4cm　春 夏 秋 冬

地上に生える腐朽菌。老成すると襟巻状のひだが出来る。ツチグリに似るがヒメツチグリ科でホコリタケ科に近縁。　　9月9日　北本市

ハナビラニカワタケ　シロキクラゲ科

径10cm前後　春 夏 秋 冬

広葉樹の立ち枯れの木に発生。ゼラチン質で色は淡褐色だが乾燥すると黒褐色になって縮む。食用になる。　　10月23日　北本市

シロキクラゲ　シロキクラゲ科

径10cm前後　春 夏 秋 冬

広葉樹の枯れ木や倒木に発生。不規則な花びら状で白く半透明のゼラチン質。中国では不老長寿の薬とされる。　　6月12日　北本市

アラゲキクラゲ　キクラゲ科

径6cm前後　春 夏 秋 冬

キクラゲよりも肉厚で全体に微毛に覆われる。広葉樹の倒木などに生える。キクラゲが北方系なのに対し本種は南方系。　5月4日　入間市

キクラゲ　キクラゲ科
径6cm前後　春 夏 秋 冬

中華料理などでお馴染みのキノコ。ニワトコをはじめ各種の広葉樹に生える。形は耳状や円盤状など変化に富む。　　5月4日　入間市

ツノマタタケ　アカキクラゲ科
高1cm　春 夏 秋 冬

橙黄色のゼラチン質で高さは約1cm。春〜秋に針葉樹の朽木などに列をなして群生。木製ベンチに生えることもある。　8月6日　秩父市

ヒロメノトガリアミガサタケ　アミガサタケ科
高8〜16cm　春 夏 秋 冬

アミガサタケに似るが網目が長くて広い。内部は空洞。色は全体に灰黄色から灰褐色。春に林内の地上に生える。　5月21日　小鹿野町

ヒイロチャワンタケ　ピロネマキン科
径2〜6cm　春 夏 秋 冬

林道沿いの裸地などに生える。発生当初は茶碗状だが成熟すると皿状になる。食用になり、ヨーロッパでは生食する。　10月16日　横瀬町

索引

【ア】

アイヌテントウ（昆虫）……………117
アオアシシギ（鳥類）……………… 30
アオイスミレ（草本）……………186
アオイトトンボ（昆虫）…………… 96
アオオオサムシ（昆虫）……………109
アオカミキリモドキ（昆虫）………118
アオキ（木本）……………………241
アオゲラ（鳥類）…………………… 37
アオサギ（鳥類）…………………… 25
アオサナエ（昆虫）………………102
アオジ（鳥類）……………………… 53
アオスジアオリンガ（昆虫）……… 95
アオスジアゲハ（昆虫）…………… 73
アオズムカデ（ムカデ類）………… 64
アオダイショウ（は虫類）………… 10
アオバセセリ（昆虫）……………… 87
アオバハゴロモ（昆虫）…………135
アオマダラタマムシ（昆虫）………113
アオモンイトトンボ（昆虫）……… 99
アカアシオオアオカミキリ（昆虫）……120
アカエリヒレアシシギ（鳥類）……… 31
アカケダニ（クモ類）……………… 64
アカゲラ（鳥類）…………………… 37
アカシジミ（昆虫）………………… 76
アカスジキンカメムシ（昆虫）……133
アカタテハ（昆虫）………………… 83
アカネスミレ（草本）……………189
アカハナカミキリ（昆虫）…………119
アカバナヒメイワカガミ（草本）………201
アカハネナガウンカ（昆虫）………136
アカハラ（鳥類）…………………… 45
アカボシゴマダラ（昆虫）………… 84
アカマキバサシガメ（昆虫）………134
アカメガシワ（木本）……………227
アカヤシオ（木本）………………240
アキアカネ（昆虫）………………104
アキノキリンソウ（草本）…………221
アキノタムラソウ（草本）…………209
アキノノゲシ（草本）……………220
アゲハ（昆虫）……………………… 72
アケビ（木本）……………………225
アケボノスミレ（草本）…………185

アサギマダラ（昆虫）……………… 80
アサザ（草本）……………………215
アサヒナカワトンボ（昆虫）……… 96
アサマイチモンジ（昆虫）………… 81
アジアイトトンボ（昆虫）………… 99
アシナガグモ（クモ類）…………… 68
アズチグモ（クモ類）……………… 69
アズマイチゲ（草本）……………173
アズマシャクナゲ（木本）…………241
アズマヒキガエル（両生類）……… 14
アゼスゲ（草本）…………………168
アトジロサビカミキリ（昆虫）……122
アトボシハムシ（昆虫）…………126
アトモンサビカミキリ（昆虫）……122
アトリ（鳥類）……………………… 50
アブラゼミ（昆虫）………………131
アブラチャン（木本）……………225
アブラハヤ（魚類）………………… 56
アマサギ（鳥類）…………………… 23
アマツバメ（鳥類）………………… 28
アマドコロ（草本）………………167
アミガサハゴロモ（昆虫）…………135
アメリカカブトエビ（甲殻類）……… 63
アメリカザリガニ（甲殻類）……… 63
アメリカヒドリ（鳥類）…………… 20
アユ（魚類）………………………… 54
アラゲキクラゲ（キノコ）…………255
アリグモ（クモ類）………………… 70
アリスイ（鳥類）…………………… 37
アリモドキカッコウムシ（昆虫）……116
アワダチソウグンバイ（昆虫）……135

【イ】

イオウイロハシリグモ（クモ類）……… 69
イカリソウ（草本）………………172
イカリモンガ（昆虫）……………… 92
イカル（鳥類）……………………… 52
イカルチドリ（鳥類）……………… 29
イソシギ（鳥類）…………………… 32
イタドリハムシ（昆虫）…………126
イチモンジカメノコハムシ（昆虫）……126
イチモンジセセリ（昆虫）………… 88
イチモンジチョウ（昆虫）………… 80
イチョウ（木本）…………………224
イチョウウキゴケ（コケ）…………248

イチリンソウ（草本）……………173
イヌゴマ（草本）……………210
イヌスギナ（シダ）……………245
イヌセンボンタケ（キノコ）……250
イヌタデ（草本）……………180
イヌハギ（草本）……………191
イノモトソウ（シダ）……………246
イブキボウフウ（草本）……………212
イボクサ（草本）……………170
イボタノキ（木本）……………243
イボバッタ（昆虫）……………136
イロハモミジ（木本）……………232
イワウチワ（草本）……………201
イワガラミ（木本）……………236
イワシモツケ（木本）……………230
イワタバコ（草本）……………205
イワツバメ（鳥類）……………41
イワナ（魚類）……………54

【ウ】

ウグイ（魚類）……………56
ウグイス（鳥類）……………42
ウグイスカグラ（木本）……………244
ウコンカギバ（昆虫）……………92
ウシガエル（両生類）……………13
ウスイロササキリ（昆虫）……………139
ウスバアゲハ（昆虫）……………71
ウスバカゲロウ（昆虫）……………147
ウスバカマキリ（昆虫）……………142
ウスバキトンボ（昆虫）……………107
ウスモンオトシブミ（昆虫）……………129
ウソ（鳥類）……………50
ウチョウラン（草本）……………161
ウチワゴケ（シダ）……………246
ウチワヤンマ（昆虫）……………102
ウツボグサ（草本）……………209
ウバタマムシ（昆虫）……………113
ウバユリ（草本）……………154
ウマノアシガタ（草本）……………177
ウマノスズクサ（草本）……………150
ウマビル（環形動物）……………64
ウミネコ（鳥類）……………33
ウラギンシジミ（昆虫）……………75
ウラゴマダラシジミ（昆虫）……………75
ウラシマソウ（草本）……………152

ウラナミアカシジミ（昆虫）……………76
ウラナミシジミ（昆虫）……………78
ウリハダカエデ（木本）……………233
ウワバミソウ（草本）……………195
ウワミズザクラ（木本）……………230

【エ】

エイザンスミレ（草本）……………187
エグリコブヒゲナガゾウムシ（昆虫）…128
エグリトラカミキリ（昆虫）……………121
エゴシギゾウムシ（昆虫）……………130
エゴノキ（木本）……………237
エゴヒゲナガゾウムシ（昆虫）……………128
エサキモンキツノカメムシ（昆虫）……133
エゾハルゼミ（昆虫）……………132
エドヒガン（木本）……………228
エナガ（鳥類）……………42
エノコログサ（草本）……………170
エリザハンミョウ（昆虫）……………108
エリマキツチグリ（キノコ）……………255
エルタテハ（昆虫）……………82
エンマコオロギ（昆虫）……………141

【オ】

オイカワ（魚類）……………56
オオアオイトトンボ（昆虫）……………96
オオアブノメ（草本）……………211
オオイシアブ（昆虫）……………145
オオイトトンボ（昆虫）……………99
オオイヌノフグリ（草本）……………211
オオウグイスナガタマムシ（昆虫）……114
オオオバボタル（昆虫）……………115
オオカマキリ（昆虫）……………142
オオカメノキ（木本）……………243
オオクチバス（魚類）……………60
オオシオカラトンボ（昆虫）……………107
オオジシバリ（草本）……………219
オオジュリン（鳥類）……………53
オオシロカネグモ（クモ類）……………67
オオスカシバ（昆虫）……………92
オオスズメバチ（昆虫）……………142
オオセスジイトトンボ（昆虫）……………98
オオセンチコガネ（昆虫）……………111
オオゾウムシ（昆虫）……………130
オオタカ（鳥類）……………34

258

オオチャバネセセリ（昆虫）………… 88
オオツクバネウツギ（木本）…………244
オオツノトンボ（昆虫）…………147
オオトリノフンダマシ（クモ類）……… 65
オオナミザトウムシ（クモ類）……… 64
オオニジュウヤホシテントウ（昆虫）…118
オオバギボウシ（草本）…………165
オオハクチョウ（鳥類）………… 18
オオバコ（草本）…………211
オオバジャノヒゲ（草本）…………167
オオバン（鳥類）………… 27
オオヒラタシデムシ（昆虫）…………109
オオマシコ（鳥類）………… 51
オオミズアオ（昆虫）………… 91
オオミドリシジミ（昆虫）………… 76
オオムラサキ（昆虫）………… 84
オオモノサシトンボ（昆虫）………… 97
オオモミジ（木本）…………232
オオヤマサギソウ（草本）…………160
オオヤマトンボ（昆虫）…………103
オオヨシキリ（鳥類）………… 43
オオルリ（鳥類）………… 47
オオルリボシヤンマ（昆虫）…………101
オカタツナミソウ（草本）…………209
オカダンゴムシ（甲殻類）………… 62
オカトラノオ（草本）…………199
オカヨシガモ（鳥類）………… 20
オクモミジハグマ（草本）…………215
オシドリ（鳥類）………… 19
オジロアシナガゾウムシ（昆虫）………130
オジロトウネン（鳥類）………… 31
オツネントンボ（昆虫）………… 96
オトギリソウ（草本）…………190
オトコエシ（草本）…………213
オトコヨウゾメ（木本）…………244
オドリコソウ（草本）…………208
オナガ（鳥類）………… 39
オナガアゲハ（昆虫）………… 72
オナガガモ（鳥類）………… 21
オナガグモ（クモ類）………… 65
オナガサナエ（昆虫）…………102
オニグモ（クモ類）………… 65
オニバス（草本）…………148
オニフスベ（キノコ）…………253
オニヤンマ（昆虫）…………103

オニユリ（草本）…………155
オヒシバ（草本）…………169
オミナエシ（草本）…………213
オヤマボクチ（草本）…………222
オランダガラシ（草本）…………197
オンブバッタ（昆虫）…………139

【カ】

カイツブリ（鳥類）………… 22
カオジロヒゲナガゾウムシ（昆虫）……128
ガガイモ（草本）…………204
ガガブタ（草本）…………215
カキドオシ（草本）…………207
ガクウツギ（木本）…………235
カケス（鳥類）………… 40
カジカ（魚類）………… 60
カジカガエル（両生類）………… 12
カシラダカ（鳥類）………… 52
カタクリ（草本）…………154
カタジロゴマフカミキリ（昆虫）…………121
カタバミ（草本）…………190
カッコウ（鳥類）………… 27
カトリヤンマ（昆虫）…………100
カナブン（昆虫）…………112
カノコガ（昆虫）………… 95
カバキコマチグモ（クモ類）………… 70
ガビチョウ（鳥類）………… 53
カブトムシ（昆虫）…………111
ガマ（草本）…………168
カメノコテントウ（昆虫）…………117
カヤクグリ（鳥類）………… 47
カラカネハナカミキリ（昆虫）…………119
カラスアゲハ（昆虫）………… 73
カラスウリ（草本）…………195
カラスゴミグモ（クモ類）………… 67
カラスビシャク（草本）…………151
カルガモ（鳥類）………… 20
カワウ（鳥類）………… 23
カワガラス（鳥類）………… 45
カワセミ（鳥類）………… 36
カワニナ（貝類）………… 61
カワラサイコ（草本）…………193
カワラタケ（キノコ）…………252
カワラナデシコ（草本）…………180
カワラニンジン（草本）…………216

259

カワラバッタ（昆虫）……………137
カワラバト（鳥類）……………… 22
カワラハハコ（草本）……………216
カワラヒワ（鳥類）……………… 49
カワラヨモギ（草本）……………216
カンアオイ（草本）………………150
ガンクビソウ（草本）……………217
カントウタンポポ（草本）………222
カントウミヤマカタバミ（草本）………191
カントウヨメナ（草本）…………220
カンムリカイツブリ（鳥類）…… 22

【キ】

キアゲハ（昆虫）………………… 72
キアシナガバチ（昆虫）…………144
キイトトンボ（昆虫）…………… 97
キイボカサタケ（キノコ）………251
キイロクビナガハムシ（昆虫）…128
キイロスズメバチ（昆虫）………143
キイロトラカミキリ（昆虫）……121
キオビベニヒメシャク（昆虫）… 94
キクイタダキ（鳥類）…………… 40
キクビアオハムシ（昆虫）………126
キクラゲ（キノコ）………………256
キジ（鳥類）……………………… 17
キシタバ（昆虫）………………… 95
キジバト（鳥類）………………… 22
キショウブ（草本）………………162
キスジトラカミキリ（昆虫）……121
キセキレイ（鳥類）……………… 48
キタキチョウ（昆虫）…………… 74
キタテハ（昆虫）………………… 82
キツネアザミ（草本）……………219
キツネノカミソリ（草本）………165
キツネノマゴ（草本）……………205
キツリフネ（草本）………………198
キトンボ（昆虫）…………………106
キヌガサタケ（キノコ）…………254
キバシリ（鳥類）………………… 43
キバナアキギリ（草本）…………209
キバナコウリンカ（草本）………223
キバナノコマノツメ（草本）……187
キバネツノトンボ（昆虫）………147
キビタキ（鳥類）………………… 47
キブシ（木本）……………………226

キベリクビボソハムシ（昆虫）………128
キベリタテハ（昆虫）…………… 82
キボシカミキリ（昆虫）…………124
キマダラセセリ（昆虫）………… 88
キマワリ（昆虫）…………………118
キムネクマバチ（昆虫）…………144
キュウリグサ（草本）……………202
キランソウ（草本）………………206
キリ（木本）………………………242
キレンジャク（鳥類）…………… 44
ギンイチモンジセセリ（昆虫）………87
キンエノコロ（草本）……………170
キンクロハジロ（鳥類）………… 21
ギンゴケ（コケ）…………………248
ギンツバメ（昆虫）……………… 93
ギンバイソウ（草本）……………198
ギンブナ（魚類）………………… 56
キンミズヒキ（草本）……………193
ギンメッキゴミグモ（クモ類）………67
キンモンガ（昆虫）……………… 92
ギンヤンマ（昆虫）………………101
キンラン（草本）…………………158
ギンラン（草本）…………………158
ギンリョウソウ（草本）…………202

【ク】

クイナ（鳥類）…………………… 27
クサイチゴ（木本）………………230
クサガメ（は虫類）……………… 11
クサギ（木本）……………………242
クサキリ（昆虫）…………………139
クサグモ（クモ類）……………… 68
クサノオウ（草本）………………177
クサフジ（草本）…………………193
クサボケ（木本）…………………229
クサボタン（草本）………………176
クズ（草本）………………………191
クスサン（昆虫）………………… 91
クズノチビタマムシ（昆虫）……114
クツワムシ（昆虫）………………140
クヌギ（木本）……………………232
クマガイソウ（草本）……………159
クマノミズキ（木本）……………234
クモイコザクラ（草本）…………200
クモキリソウ（草本）……………159

クモノスシダ（シダ）………………247
クララ（草本）……………………192
クリ（木本）………………………232
クリンユキフデ（草本）…………180
クルマバックバネソウ（草本）…………153
クルマバッタ（昆虫）……………137
クルマバッタモドキ（昆虫）………137
クロアゲハ（昆虫）………………71
クロイトトンボ（昆虫）…………98
クロウリハムシ（昆虫）…………126
クロオオアリ（昆虫）……………145
クロカナブン（昆虫）……………112
クロコノマチョウ（昆虫）………86
クロジ（鳥類）……………………53
クロスジギンヤンマ（昆虫）………101
クロスズメバチ（昆虫）…………143
クロセンブリ（昆虫）……………146
クロツバメシジミ（昆虫）………79
クロツラヘラサギ（鳥類）………26
クロトゲハムシ（昆虫）…………127
クロハナムグリ（昆虫）…………113
クロハネシロヒゲナガ（昆虫）……… 89
クロヒカゲ（昆虫）………………85
クロボシツツハムシ（昆虫）………127
クロミスジシロエダシャク（昆虫）…93
クロメンガタスズメ（昆虫）………92
クロモジ（木本）…………………225
クワガタソウ（草本）……………211
クワカミキリ（昆虫）……………124
クワコ（昆虫）……………………90

【ケ】
ケキツネノボタン（草本）…………176
ケリ（鳥類）………………………29
ゲンゲ（草本）……………………191
ゲンジボタル（昆虫）……………115
ゲンノショウコ（草本）…………184

【コ】
コアオハナムグリ（昆虫）…………113
コアジサイ（木本）………………235
コアジサシ（鳥類）………………32
コアシダカグモ（クモ類）………70
コアシナガバチ（昆虫）…………144
コイ（魚類）………………………54

コイカル（鳥類）…………………51
ゴイサギ（鳥類）…………………25
ゴイシシジミ（昆虫）……………75
コウホネ（草本）…………………149
コウヤボウキ（木本）……………245
コオニヤンマ（昆虫）……………102
コオニユリ（草本）………………155
コガタコガネグモ（クモ類）……66
コガタスズメバチ（昆虫）………143
コガネグモ（クモ類）……………66
コガネコノメソウ（草本）………181
コガネムシ（昆虫）………………112
コガマ（草本）……………………168
コカマキリ（昆虫）………………142
コガモ（鳥類）……………………20
コガラ（鳥類）……………………40
ゴキヅル（草本）…………………195
コクワガタ（昆虫）………………110
コゲラ（鳥類）……………………37
コゴメウツギ（木本）……………231
コサギ（鳥類）……………………24
コシアキトンボ（昆虫）…………106
コジャノメ（昆虫）………………86
ゴジュウカラ（鳥類）……………43
コジュケイ（鳥類）………………17
コシロカネグモ（クモ類）………68
コスギゴケ（コケ）………………248
コスミレ（草本）…………………186
コチドリ（鳥類）…………………29
コチャバネセセリ（昆虫）………88
コチャルメルソウ（草本）………183
コツバメ（昆虫）…………………78
コニワハンミョウ（昆虫）………108
コノシメトンボ（昆虫）…………105
コバギボウシ（草本）……………166
コハクチョウ（鳥類）……………17
コハナグモ（クモ類）……………69
コバネイナゴ（昆虫）……………138
コバノカモメヅル（草本）………204
コハンミョウ（昆虫）……………108
コフキサルノコシカケ（キノコ）………252
コフキゾウムシ（昆虫）…………130
コフキトンボ（昆虫）……………106
コブシ（木本）……………………224
ゴマダラカミキリ（昆虫）………123

261

ゴマダラチョウ（昆虫）……………… 84
コマツナギ（木本）……………………227
ゴマフリドクガ（昆虫）……………… 94
ゴミグモ（クモ類）…………………… 67
コミスジ（昆虫）……………………… 81
コミミズク（鳥類）…………………… 36
コミヤマカタバミ（草本）……………191
コムラサキ（昆虫）…………………… 83
コヨウラクツツジ（木本）……………238
コンロンソウ（草本）…………………196

【サ】

サイハイラン（草本）…………………157
サカハチチョウ（昆虫）……………… 81
サカマキガイ（貝類）………………… 61
サギゴケ（草本）………………………210
サクラソウ（草本）……………………200
ササグモ（クモ類）…………………… 68
ササゴイ（鳥類）……………………… 26
ササバギンラン（草本）………………158
サシバ（鳥類）………………………… 34
ザゼンソウ（草本）……………………152
サツマノミダマシ（クモ類）………… 66
サトキマダラヒカゲ（昆虫）………… 85
サビキコリ（昆虫）……………………114
サラサドウダン（木本）………………237
サラサヤンマ（昆虫）………………… 99
サラシナショウマ（草本）……………174
サワガニ（甲殻類）…………………… 63
サワギク（草本）………………………221
サワトラノオ（草本）…………………199
サンコウチョウ（鳥類）……………… 38

【シ】

シオカラトンボ（昆虫）………………107
シオヤアブ（昆虫）……………………145
シオヤトンボ（昆虫）…………………107
シシウド（草本）………………………212
シシガシラ（シダ）……………………247
ジシバリ（草本）………………………219
シジュウカラ（鳥類）………………… 41
シマアジ（鳥類）……………………… 21
シマサシガメ（昆虫）…………………134
シマドジョウ（魚類）………………… 59
シマヘビ（は虫類）…………………… 10

ジムグリ（は虫類）…………………… 10
シメ（鳥類）…………………………… 51
シモツケ（木本）………………………230
シャガ（草本）…………………………162
ジャコウアゲハ（昆虫）……………… 72
ジャゴケ（コケ）………………………248
ジャノメチョウ（昆虫）……………… 85
シュウカイドウ（草本）………………195
ジュウニヒトエ（草本）………………206
ジュウモンジシダ（シダ）……………246
ジュズダマ（草本）……………………168
シュレーゲルアオガエル（両生類）…… 12
シュンラン（草本）……………………161
ジョウカイボン（昆虫）………………115
ショウジョウトンボ（昆虫）…………106
ジョウビタキ（鳥類）………………… 46
ショウリョウバッタ（昆虫）…………138
ショウリョウバッタモドキ（昆虫）……138
ショカッサイ（草本）…………………197
ジョロウグモ（クモ類）……………… 67
シラコバト（鳥類）…………………… 23
シラハタリンゴカミキリ（昆虫）………125
シラフヒゲナガカミキリ（昆虫）………123
シラホシカミキリ（昆虫）……………125
シラホシナガタマムシ（昆虫）………114
シラヤマギク（草本）…………………217
シロオニタケ（キノコ）………………250
シロオビトリノフンダマシ（クモ類）…… 65
シロオビノメイガ（昆虫）…………… 90
シロキクラゲ（キノコ）………………255
シロコブゾウムシ（昆虫）……………129
シロジュウシホシテントウ（昆虫）……116
シロスジカミキリ（昆虫）……………124
シロツメクサ（草本）…………………192
シロテンハナムグリ（昆虫）…………113
シロトホシテントウ（昆虫）…………116
シロバナエンレイソウ（草本）………154
シロバナタンポポ（草本）……………222
シロハラ（鳥類）……………………… 46
ジロボウエンゴサク（草本）…………178
シロヤシオ（木本）……………………240
シロヨメナ（草本）……………………217
ジンガサハムシ（昆虫）………………126

【ス】

スイカズラ（木本）　……………………244
スギカミキリ（昆虫）　…………………121
スギタニルリシジミ（昆虫）　……… 79
スギナ（シダ）　…………………………245
スケバハゴロモ（昆虫）　………………134
スジエビ（甲殻類）　……………………… 62
スジグロシロチョウ（昆虫）　……… 74
スジグロボタル（昆虫）　………………116
スジクワガタ（昆虫）　…………………109
スジブトハシリグモ（クモ類）　……… 69
スズガモ（鳥類）　………………………… 21
ススキ（草本）　…………………………169
スズバチ（昆虫）　………………………144
スズメ（鳥類）　…………………………… 48
スズメノテッポウ（草本）　……………169
ズダヤクシュ（草本）　…………………183
スナヤツメ（魚類）　……………………… 60
スミナガシ（昆虫）　……………………… 83
スミレ（草本）　…………………………186

【セ】

セアカツノカメムシ（昆虫）　…………133
セイタカシギ（鳥類）　…………………… 30
セイヨウスイレン（草本）　……………149
セイヨウタンポポ（草本）　……………222
セイヨウミツバチ（昆虫）　……………144
セキヤノアキチョウジ（草本）　………207
セグロイナゴ（昆虫）　…………………138
セグロカモメ（鳥類）　…………………… 33
セグロセキレイ（鳥類）　………………… 49
セスジイトトンボ（昆虫）　……………… 98
セスジツユムシ（昆虫）　………………140
セスジナミシャク（昆虫）　……………… 94
セッカ（鳥類）　…………………………… 43
セツブンソウ（草本）　…………………175
ゼニゴケ（コケ）　………………………248
セマダラコガネ（昆虫）　………………112
セマルヒゲナガゾウムシ（昆虫）　………129
セリバヒエンソウ（草本）　……………176
センチコガネ（昆虫）　…………………111
セントウソウ（草本）　…………………212
センニンソウ（木本）　…………………226
センブリ（草本）　………………………203
センボンヤリ（草本）　…………………220

【ソ】

ゼンマイ（シダ）　………………………245

ソウシチョウ（鳥類）　…………………… 53
ソシンロウバイ（木本）　………………224
ソバナ（草本）　…………………………213

【タ】

タイアザミ（草本）　……………………218
ダイサギ（鳥類）　………………………… 24
ダイミョウセセリ（昆虫）　……………… 87
タイリクバラタナゴ（魚類）　………… 57
タカオスミレ（草本）　…………………187
タカオヒゴタイ（草本）　………………221
タカトウダイ（草本）　…………………189
タカネトンボ（昆虫）　…………………103
タカブシギ（鳥類）　……………………… 30
タゲリ（鳥類）　…………………………… 29
タコノアシ（草本）　……………………183
タシギ（鳥類）　…………………………… 32
タチカメバソウ（草本）　………………202
タチツボスミレ（草本）　………………189
タヌキモ（草本）　………………………212
タネツケバナ（草本）　…………………196
ダビドサナエ（昆虫）　…………………103
タヒバリ（鳥類）　………………………… 49
タマアジサイ（木本）　…………………235
タマゴタケ（キノコ）　…………………250
タマムシ（昆虫）　………………………114

【チ】

チガヤ（草本）　…………………………169
チカラシバ（草本）　……………………169
チゴユリ（草本）　………………………157
チチブコルリクワガタ（昆虫）　………109
チャイロスズメバチ（昆虫）　…………143
チャバネアオカメムシ（昆虫）　………132
チュウサギ（鳥類）　……………………… 24
チュウヒ（鳥類）　………………………… 35
チョウゲンボウ（鳥類）　………………… 38
チョウジソウ（草本）　…………………204
チョウジタデ（草本）　…………………185
チョウトンボ（昆虫）　…………………104

263

【ツ】

ツクツクボウシ（昆虫）……………………131
ツクバネウツギ（木本）……………………244
ツクバネソウ（草本）………………………153
ツグミ（鳥類）…………………………… 45
ツチイナゴ（昆虫）…………………………138
ツチガエル（両生類）…………………… 14
ツチカメムシ（昆虫）………………………134
ツチグリ（キノコ）…………………………252
ツツジグンバイ（昆虫）……………………135
ツツジコブハムシ（昆虫）…………………127
ツツドリ（鳥類）………………………… 28
ツヅレサセコオロギ（昆虫）………………141
ツノトンボ（昆虫）…………………………147
ツノマタタケ（キノコ）……………………256
ツバメ（鳥類）…………………………… 41
ツバメオモト（草本）………………………155
ツバメシジミ（昆虫）……………………… 79
ツボスミレ（草本）…………………………188
ツマキチョウ（昆虫）……………………… 74
ツマグロオオヨコバイ（昆虫）……………135
ツマグロハナカミキリ（昆虫）……………119
ツマグロヒョウモン（昆虫）……………… 80
ツマトリソウ（草本）………………………200
ツミ（鳥類）……………………………… 34
ツメレンゲ（草本）…………………………184
ツユクサ（草本）……………………………170
ツリガネタケ（キノコ）……………………252
ツリガネニンジン（草本）…………………213
ツリフネソウ（草本）………………………198
ツルキンバイ（草本）………………………193
ツルニンジン（草本）………………………214
ツルネコノメソウ（草本）…………………182
ツルボ（草本）………………………………167

【テ】

テイカカズラ（木本）………………………241
デーニッツハエトリ（クモ類）………… 70
テナガエビ（甲殻類）……………………… 62
テングタケ（キノコ）………………………249
テングチョウ（昆虫）……………………… 80
デンジソウ（シダ）…………………………247

【ト】

ドウガネブイブイ（昆虫）…………………112

トウキョウサンショウウオ（両生類）… 15
トウキョウダルマガエル（両生類）…… 14
トウキョウヒメハンミョウ（昆虫）………108
トウゴクサバノオ（草本）…………………176
トウゴクミツバツツジ（木本）……………238
トウネン（鳥類）………………………… 31
トガリエダシャク（昆虫）………………… 94
ドクダミ（草本）……………………………149
トゲグモ（クモ類）……………………… 65
トゲバカミキリ（昆虫）……………………124
ドジョウ（魚類）………………………… 59
トチノキ（木本）……………………………233
トノサマバッタ（昆虫）……………………137
トビ（鳥類）……………………………… 33
トビナナフシ（昆虫）………………………141
トホシテントウ（昆虫）……………………118
トモエガモ（鳥類）……………………… 19
ドヨウオニグモ（クモ類）……………… 66
トラノオシダ（シダ）………………………247
トラフシジミ（昆虫）……………………… 78
トラフズク（鳥類）……………………… 36
トリノフンダマシ（クモ類）…………… 65

【ナ】

ナカグロクチバ（昆虫）……………………… 95
ナガコガネグモ（クモ類）……………… 66
ナガゴマフカミキリ（昆虫）………………122
ナガサキアゲハ（昆虫）…………………… 71
ナカジロサビカミキリ（昆虫）……………122
ナガバノスミレサイシン（草本）…………188
ナガボノシロワレモコウ（草本）…………194
ナガメ（昆虫）………………………………132
ナガレタゴガエル（両生類）…………… 13
ナギナタコウジュ（草本）…………………206
ナシグンバイ（昆虫）………………………136
ナズナ（草本）………………………………196
ナツアカネ（昆虫）…………………………104
ナツズイセン（草本）………………………165
ナツトウダイ（草本）………………………190
ナナフシモドキ（昆虫）……………………141
ナナホシテントウ（昆虫）…………………117
ナマズ（魚類）…………………………… 59
ナミウズムシ（扁形動物）……………… 63
ナミテントウ（昆虫）………………………117
ナメクジ（貝類）………………………… 62

ナラタケモドキ（キノコ）……………249
ナンバンギセル（草本）……………210

【ニ】

ニイニイゼミ（昆虫）……………………131
ニオイタチツボスミレ（草本）…………189
ニガイチゴ（木本）………………………231
ニガナ（草本）………………………………220
ニゴイ（魚類）…………………………… 54
ニッコウキスゲ（草本）…………………163
ニホンアカガエル（両生類）…………… 13
ニホンアナグマ（ほ乳類）……………… 7
ニホンアマガエル（両生類）…………… 12
ニホンイタチ（ほ乳類）………………… 7
ニホンイノシシ（ほ乳類）……………… 6
ニホンカナヘビ（は虫類）……………… 11
ニホンカモシカ（ほ乳類）……………… 5
ニホンザル（ほ乳類）…………………… 8
ニホンジカ（ほ乳類）…………………… 4
ニホンツキノワグマ（ほ乳類）………… 5
ニホンノウサギ（ほ乳類）……………… 8
ニホンマムシ（は虫類）………………… 10
ニホンミツバチ（昆虫）…………………144
ニホンヤモリ（は虫類）………………… 12
ニホンリス（ほ乳類）…………………… 9
ニュウナイスズメ（鳥類）……………… 48
ニリンソウ（草本）………………………173
ニワゼキショウ（草本）…………………162
ニワトコ（木本）…………………………243

【ヌ】

ヌマガエル（両生類）…………………… 14
ヌマトラノオ（草本）……………………199

【ネ】

ネアカヨシヤンマ（昆虫）………………100
ネキトンボ（昆虫）………………………106
ネコハエトリ（クモ類）………………… 69
ネジバナ（草本）…………………………161
ネムノキ（木本）…………………………227

【ノ】

ノアザミ（草本）…………………………218
ノウタケ（キノコ）………………………253
ノウルシ（草本）…………………………190

ノカンゾウ（草本）………………………163
ノキシノブ（シダ）………………………247
ノコギリカミキリ（昆虫）………………119
ノコギリカメムシ（昆虫）………………133
ノコギリクワガタ（昆虫）………………110
ノコンギク（草本）………………………217
ノジスミレ（草本）………………………186
ノジトラノオ（草本）……………………199
ノシメトンボ（昆虫）……………………104
ノスリ（鳥類）…………………………… 34
ノハナショウブ（草本）…………………162
ノハラアザミ（草本）……………………218
ノビタキ（鳥類）………………………… 46
ノビル（草本）……………………………165
ノリウツギ（木本）………………………236

【ハ】

バアソブ（草本）…………………………214
ハイイロヤハズカミキリ（昆虫）………122
ハウチワカエデ（木本）…………………233
ハガタキコケガ（昆虫）………………… 94
ハクセキレイ（鳥類）…………………… 48
ハクビシン（は乳類）…………………… 8
ハグルマトモエ（昆虫）………………… 95
ハクレン（魚類）………………………… 55
ハグロソウ（草本）………………………206
ハグロトンボ（昆虫）…………………… 97
ハコネシダ（シダ）………………………246
ハシビロガモ（鳥類）…………………… 21
ハシブトガラス（鳥類）………………… 39
ハシボソガラス（鳥類）………………… 39
ハシリドコロ（草本）……………………204
ハジロカイツブリ（鳥類）……………… 22
ハス（草本）………………………………179
ハスオビエダシャク（昆虫）…………… 94
ハスジカツオゾウムシ（昆虫）…………130
ハダカホオズキ（草本）…………………205
ハタザオ（草本）…………………………197
ハナイカダ（木本）………………………243
ハナオチバタケ（キノコ）………………249
ハナネコノメ（草本）……………………182
ハナビラニカワタケ（キノコ）…………255
ハハコグサ（草本）………………………219
ハマシギ（鳥類）………………………… 30
ハヤブサ（鳥類）………………………… 38

265

ハラクロコモリグモ（クモ類）………… 68
ハラヒシバッタ（昆虫）…………………136
ハラビロカマキリ（昆虫）………………142
ハラビロトンボ（昆虫）…………………107
ハリエンジュ（木本）……………………228
ハリガネムシ（類線形動物）…………… 64
ハリカメムシ（昆虫）……………………133
ハルジオン（草本）………………………218
バン（鳥類）………………………………… 27
ハンゲショウ（草本）……………………150
ハンミョウ（昆虫）………………………108

【ヒ】

ヒイラギソウ（草本）……………………207
ヒイロチャワンタケ（キノコ）…………256
ヒオドシチョウ（昆虫）………………… 82
ヒカゲチョウ（昆虫）…………………… 85
ヒカゲツツジ（木本）……………………239
ヒガシキリギリス（昆虫）………………140
ヒガシニホントカゲ（は虫類）………… 11
ヒガラ（鳥類）…………………………… 41
ヒカリゴケ（コケ）………………………248
ヒガンバナ（草本）………………………164
ヒキノカサ（草本）………………………177
ヒグラシ（昆虫）…………………………131
ヒゲナガオトシブミ（昆虫）……………129
ヒゲナガハナノミ（昆虫）………………115
ヒシ（草本）………………………………184
ヒダリマキマイマイ（貝類）…………… 61
ヒトクチタケ（キノコ）…………………251
ヒトツメカギバ（昆虫）………………… 93
ヒトヨタケ（キノコ）……………………250
ヒドリガモ（鳥類）……………………… 20
ヒトリシズカ（草本）……………………151
ヒナスミレ（草本）………………………185
ヒバリ（鳥類）…………………………… 41
ヒメアカタテハ（昆虫）………………… 83
ヒメアカネ（昆虫）………………………105
ヒメアトスカシバ（昆虫）……………… 89
ヒメイチゲ（草本）………………………174
ヒメウツギ（木本）………………………234
ヒメウラナミジャノメ（昆虫）………… 86
ヒメオドリコソウ（草本）………………208
ヒメガマ（草本）…………………………168
ヒメカマキリモドキ（昆虫）……………146

ヒメカメノコテントウ（昆虫）…………117
ヒメカンスゲ（草本）……………………168
ヒメギス（昆虫）…………………………140
ヒメキマダラセセリ（昆虫）…………… 88
ヒメクロオトシブミ（昆虫）……………129
ヒメコウゾ（木本）………………………231
ヒメザゼンソウ（草本）…………………152
ヒメジャノメ（昆虫）…………………… 86
ヒメジュウジナガカメムシ（昆虫）……134
ヒメジョオン（草本）……………………218
ヒメシロアサザ（草本）…………………215
ヒメスズメバチ（昆虫）…………………143
ヒメツチハンミョウ（昆虫）……………118
ヒメヒゲナガカミキリ（昆虫）…………123
ヒメムヨウラン（草本）…………………160
ヒメヤママユ（昆虫）…………………… 91
ヒメレンゲ（草本）………………………184
ヒョウモンエダシャク（昆虫）………… 93
ヒヨドリ（鳥類）………………………… 42
ヒヨドリバナ（草本）……………………219
ヒラタハナムグリ（昆虫）………………113
ヒレンジャク（鳥類）…………………… 44
ビロウドカミキリ（昆虫）………………123
ビロードツリアブ（昆虫）………………145
ビロードハマキ（昆虫）………………… 90
ヒロハアマナ（草本）……………………156
ヒロバネヒナバッタ（昆虫）……………136
ヒロハハナヤスリ（シダ）………………245
ヒロメノトガリアミガサタケ（キノコ）…256
ビンズイ（鳥類）………………………… 49

【フ】

フキ（草本）………………………………221
フクジュソウ（草本）……………………172
フクロウ（鳥類）………………………… 35
フサザクラ（木本）………………………225
フジ（木本）………………………………227
フシグロセンノウ（草本）………………181
フタスジハナカミキリ（昆虫）…………119
フタバアオイ（草本）……………………150
フタホシシロエダシャク（昆虫）……… 93
フタリシズカ（草本）……………………151
フデリンドウ（草本）……………………203
フモトスミレ（草本）……………………188
ブルーギル（魚類）……………………… 60

【ヘ】

ヘイケボタル（昆虫）……………………115
ヘクソカズラ（草本）……………………203
ヘクソカズラグンバイ（昆虫）…………136
ベッコウハゴロモ（昆虫）………………135
ベニイトトンボ（昆虫）…………………… 98
ベニシジミ（昆虫）………………………… 78
ベニシダ（シダ）…………………………246
ベニドウダン（木本）……………………238
ベニヘリコケガ（昆虫）…………………… 95
ベニマシコ（鳥類）………………………… 50
ヘビイチゴ（草本）………………………194
ヘラオオバコ（草本）……………………211
ヘラサギ（鳥類）…………………………… 26
ヘリグロベニカミキリ（昆虫）…………121

【ホ】

ホウチャクソウ（草本）…………………157
ホウネンエビ（甲殻類）…………………… 62
ホオジロ（鳥類）…………………………… 52
ホオジロガモ（鳥類）……………………… 18
ホオノキ（木本）…………………………224
ホコリタケ（キノコ）……………………253
ホシササキリ（昆虫）……………………139
ホシハジロ（鳥類）………………………… 21
ホシホウジャク（昆虫）…………………… 92
ホシミスジ（昆虫）………………………… 81
ホソエカエデ（木本）……………………233
ホソオチョウ（昆虫）……………………… 73
ホソオビヒゲナガ（昆虫）………………… 89
ホソヒラタアブ（昆虫）…………………145
ホソミイトトンボ（昆虫）………………… 99
ホソミオツネントンボ（昆虫）…………… 96
ホタルガ（昆虫）…………………………… 89
ホタルブクロ（草本）……………………214
ボタンヅル（木本）………………………226
ホテイアオイ（草本）……………………171
ホトケドジョウ（魚類）…………………… 59
ホトケノザ（草本）………………………208
ホトトギス（鳥類）………………………… 28
ボラ（魚類）………………………………… 60
ホンドカヤネズミ（ほ乳類）……………… 9
ホンドキツネ（ほ乳類）…………………… 6
ホンドタヌキ（ほ乳類）…………………… 6
ホンドテン（ほ乳類）……………………… 7

【マ】

マイコアカネ（昆虫）……………………105
マイタケ（キノコ）………………………251
マイヅルソウ（草本）……………………166
マガモ（鳥類）……………………………… 20
マタタビ（木本）…………………………237
マダラカマドウマ（昆虫）………………141
マダラスズ（昆虫）………………………141
マダラホソアシナガバエ（昆虫）………146
マネキグモ（クモ類）……………………… 70
マヒワ（鳥類）……………………………… 50
マミジロハエトリ（クモ類）……………… 70
マムシグサ（草本）………………………151
マメコガネ（昆虫）………………………112
マメハンミョウ（昆虫）…………………118
マユタテアカネ（昆虫）…………………105
マルカメムシ（昆虫）……………………132
マルタニシ（貝類）………………………… 61
マルタンヤンマ（昆虫）…………………100
マルバアオダモ（木本）…………………242
マルバウツギ（木本）……………………235
マルバスミレ（草本）……………………188

【ミ】

ミカドガガンボ（昆虫）…………………146
ミクリ（草本）……………………………167
ミコアイサ（鳥類）………………………… 18
ミサゴ（鳥類）……………………………… 35
ミシシッピーアカミミガメ（は虫類）… 11
ミズイロオナガシジミ（昆虫）………… 75
ミズオオバコ（草本）……………………153
ミズキ（木本）……………………………234
ミスジチョウ（昆虫）……………………… 81
ミスジマイマイ（貝類）…………………… 61
ミズタマソウ（草本）……………………185
ミズヒキ（草本）…………………………180
ミズワラビ（シダ）………………………246
ミソサザイ（鳥類）………………………… 45
ミソハギ（草本）…………………………184
ミツバアケビ（木本）……………………226
ミツバコンロンソウ（草本）……………196
ミツバツチグリ（草本）…………………194
ミツバツツジ（木本）……………………239
ミドリシジミ（昆虫）……………………… 77
ミドリヒョウモン（昆虫）………………… 80

267

ミナミメダカ（魚類）・・・・・・・・・・・・・ 59
ミノウスバ（昆虫）・・・・・・・・・・・・・・・ 89
ミミガタテンナンショウ（草本）・・・・・・151
ミヤコタナゴ（魚類）・・・・・・・・・・・・・ 57
ミヤマアカネ（昆虫）・・・・・・・・・・・・・105
ミヤマカミキリ（昆虫）・・・・・・・・・・・・120
ミヤマガラス（鳥類）・・・・・・・・・・・・・ 39
ミヤマカラスアゲハ（昆虫）・・・・・・・・・ 73
ミヤマカワトンボ（昆虫）・・・・・・・・・・ 97
ミヤマキケマン（草本）・・・・・・・・・・・・178
ミヤマクワガタ（昆虫）・・・・・・・・・・・・110
ミヤマスカシユリ（草本）・・・・・・・・・・156
ミヤマセセリ（昆虫）・・・・・・・・・・・・・ 87
ミヤマハコベ（草本）・・・・・・・・・・・・・181
ミヤマハンミョウ（昆虫）・・・・・・・・・・108
ミヤマホオジロ（鳥類）・・・・・・・・・・・ 52
ミンミンゼミ（昆虫）・・・・・・・・・・・・・132

【ム】

ムクドリ（鳥類）・・・・・・・・・・・・・・・・ 45
ムササビ（ほ乳類）・・・・・・・・・・・・・・ 9
ムサシトミヨ（魚類）・・・・・・・・・・・・・ 58
ムジナモ（草本）・・・・・・・・・・・・・・・・179
ムネアカオオアリ（昆虫）・・・・・・・・・・145
ムラサキカタバミ（草本）・・・・・・・・・・190
ムラサキケマン（草本）・・・・・・・・・・・・177
ムラサキサギ（鳥類）・・・・・・・・・・・・・ 25
ムラサキシキブ（木本）・・・・・・・・・・・・242
ムラサキシジミ（昆虫）・・・・・・・・・・・ 75
ムラサキシメジ（キノコ）・・・・・・・・・・249
ムラサキツメクサ（草本）・・・・・・・・・・192
ムラサキヤマドリタケ（キノコ）・・・・・・251

【メ】

メガネドヨウグモ（クモ類）・・・・・・・・・ 68
メジロ（鳥類）・・・・・・・・・・・・・・・・・ 43
メハジキ（草本）・・・・・・・・・・・・・・・・208
メヒシバ（草本）・・・・・・・・・・・・・・・・169

【モ】

モエギザトウムシ（クモ類）・・・・・・・・・ 64
モズ（鳥類）・・・・・・・・・・・・・・・・・・ 39
モツゴ（魚類）・・・・・・・・・・・・・・・・・ 56
モノアラガイ（貝類）・・・・・・・・・・・・・ 61
モノサシトンボ（昆虫）・・・・・・・・・・・ 97

モミジイチゴ（木本）・・・・・・・・・・・・・231
モリムシクイ（鳥類）・・・・・・・・・・・・・ 42
モンキアゲハ（昆虫）・・・・・・・・・・・・・ 71
モンキチョウ（昆虫）・・・・・・・・・・・・・ 74
モンシロチョウ（昆虫）・・・・・・・・・・・ 74
モンシロナガカメムシ（昆虫）・・・・・・・133
モンスズメバチ（昆虫）・・・・・・・・・・・・143

【ヤ】

ヤクシソウ（草本）・・・・・・・・・・・・・・・222
ヤセウツボ（草本）・・・・・・・・・・・・・・・210
ヤハズエンドウ（草本）・・・・・・・・・・・・192
ヤハズハハコ（草本）・・・・・・・・・・・・・216
ヤブカンゾウ（草本）・・・・・・・・・・・・・163
ヤブキリ（昆虫）・・・・・・・・・・・・・・・・139
ヤブツバキ（木本）・・・・・・・・・・・・・・・236
ヤブミョウガ（草本）・・・・・・・・・・・・・171
ヤブヤンマ（昆虫）・・・・・・・・・・・・・・・101
ヤブラン（草本）・・・・・・・・・・・・・・・・166
ヤブレガサ（草本）・・・・・・・・・・・・・・・221
ヤマアカガエル（両生類）・・・・・・・・・・ 13
ヤマアジサイ（木本）・・・・・・・・・・・・・236
ヤマイモハムシ（昆虫）・・・・・・・・・・・・127
ヤマエンゴサク（草本）・・・・・・・・・・・・178
ヤマオダマキ（草本）・・・・・・・・・・・・・174
ヤマカガシ（は虫類）・・・・・・・・・・・・・ 10
ヤマガラ（鳥類）・・・・・・・・・・・・・・・・ 40
ヤマキマダラヒカゲ（昆虫）・・・・・・・・・ 85
ヤマザクラ（木本）・・・・・・・・・・・・・・・229
ヤマサナエ（昆虫）・・・・・・・・・・・・・・・103
ヤマシギ（鳥類）・・・・・・・・・・・・・・・・ 32
ヤマジノホトトギス（草本）・・・・・・・・・156
ヤマシロオニグモ（クモ類）・・・・・・・・・ 66
ヤマタツナミソウ（草本）・・・・・・・・・・209
ヤマツツジ（木本）・・・・・・・・・・・・・・・239
ヤマトシジミ（昆虫）・・・・・・・・・・・・・ 78
ヤマトシリアゲ（昆虫）・・・・・・・・・・・・146
ヤマトフキバッタ（昆虫）・・・・・・・・・・139
ヤマドリ（鳥類）・・・・・・・・・・・・・・・・ 16
ヤマトリカブト（草本）・・・・・・・・・・・・172
ヤマノイモ（草本）・・・・・・・・・・・・・・・153
ヤマハギ（木本）・・・・・・・・・・・・・・・・228
ヤマブキ（木本）・・・・・・・・・・・・・・・・229
ヤマブキソウ（草本）・・・・・・・・・・・・・178
ヤマボウシ（木本）・・・・・・・・・・・・・・・234

ヤマホタルブクロ（草本）……………214
ヤママユ（昆虫）………………………90
ヤマメ（魚類）…………………………54
ヤマユリ（草本）……………………155
ヤマルリソウ（草本）………………202
ヤリタナゴ（魚類）……………………57

【ユ】

ユウガギク（草本）…………………220
ユウマダラエダシャク（昆虫）………93
ユキザサ（草本）……………………166
ユキノシタ（草本）…………………183
ユリカモメ（鳥類）……………………33
ユリワサビ（草本）…………………197

【ヨ】

ヨウシュヤマゴボウ（草本）………181
ヨーロッパトウネン（鳥類）…………31
ヨコヅナサシガメ（昆虫）…………134
ヨゴレネコノメ（草本）……………182
ヨシ（草本）…………………………170
ヨシガモ（鳥類）………………………18
ヨシゴイ（鳥類）………………………25
ヨツキボシカミキリ（昆虫）………125
ヨツスジハナカミキリ（昆虫）………119
ヨツスジヒメシンクイ（昆虫）………89
ヨツボシオオキスイ（昆虫）………116
ヨツボシケシキスイ（昆虫）………116
ヨツボシテントウ（昆虫）…………117
ヨツボシナガツツハムシ（昆虫）………127

【ラ】

ラショウモンカズラ（草本）………208
ラミーカミキリ（昆虫）……………125

【リ】

リスアカネ（昆虫）…………………104
リョウブ（木本）……………………237
リンドウ（草本）……………………203

【ル】

ルイヨウボタン（草本）……………171
ルリシジミ（昆虫）……………………79
ルリタテハ（昆虫）……………………82

ルリビタキ（鳥類）……………………46
ルリボシカミキリ（昆虫）…………120

【レ】

レンゲショウマ（草本）……………174

【ワ】

ワカバグモ（クモ類）…………………69
ワキグロサツマノミダマシ（クモ類）…67
ワタラセツリフネソウ（草本）………198
ワチガイソウ（草本）………………180
ワラジムシ（甲殻類）…………………62
ワルナスビ（草本）…………………205
ワレモコウ（草本）…………………194

参考文献

- 日本の野生植物Ⅰ〜Ⅲ　佐竹義輔他編　1982　平凡社
- 日本の野草　林弥栄編・解説　1983　山と渓谷社
- 日本の野鳥　高野伸二編 1985　山と渓谷社
- 日本のきのこ　今関六也他編・解説　1988　山と渓谷社
- 原色昆虫図鑑Ⅰ（蝶蛾編）　井上寛他著　1959　北隆館
- 原色昆虫図鑑Ⅱ（甲虫編）　中根猛彦他著　1963　北隆館
- 日本の野鳥650　真木広造写真　大西敏一／五百澤日丸解説　2014　平凡社
- 日本産蝶類標準図鑑　白水隆　2006　学研
- 日本のチョウ　日本チョウ類保全協会編　2012　誠文堂新光社
- 日本産蛾類標準図鑑Ⅰ〜Ⅳ　岸田泰則他編　2011〜2013　学研
- 日本のトンボ　尾園暁／川島逸郎／二橋亮　2012　文一総合出版
- 日本産セミ科図鑑　林正美／税所康正編著　2011 誠文堂新光社
- バッタ・コオロギ・キリギリス生態図鑑　日本直翅類学会監修　2011　北海道大学出版会
- 日本産有剣ハチ類図鑑　寺山守／須田博久編著　2016　東海大学出版部
- 日本産アリ類図鑑　寺山守／久保田敏／江口克之　2014　朝倉書店
- 日本のクモ　新海栄一　2006　文一総合出版
- 樹木［春夏編］［秋冬編］　永田芳男　1997　山と渓谷社
- 哺乳類観察ブック　熊谷さとし　2001　人類文化社
- 原色爬虫類両生類検索図鑑　高田栄一／大谷勉　2011　北隆館
- 日本のカエル　松橋利光写真／奥山風太郎解説　2002　山と渓谷社
- しだ・こけ　岩月善之助解説　伊沢正名写真　2006　山と渓谷社
- 淡水魚ガイドブック　桜井淳史・渡辺昌和共著　1998　永岡書店
- 日本のスミレ　いかりまさし　1996　山と渓谷社
- 増補改訂フィールドベスト図鑑 Vol.13 日本の毒きのこ　長沢栄史監修　2009　学研
- 原色日本陸産貝類図鑑　東正雄　1982　保育社
- 埼玉県植物誌　伊藤洋編　1998　埼玉県教育委員会
- 埼玉県動物誌　埼玉県教育委員会　1978
- 荒川の植物　財団法人埼玉県生態系保護協会制作　2003　国土交通省荒川上流河川事務
- 荒川の動物　財団法人埼玉県生態系保護協会制作　2004　国土交通省荒川上流河川事務
- 秩父で見られる山野の花　清水孝資　2005　清水企画
- 入間市の自然　入間市の自然発刊調査会　1997　入間市
- 入間市の野鳥Ⅲ　2006　入間市環境経済部みどりの課
- 埼玉県狭山丘陵いきものふれあいの里の植物　竹内正幸監修　2003　トトロのふるさと財団
- 埼玉の動・植物50話　埼玉県立自然の博物館編　2009　埼玉新聞社
- 秩父路の花譜　井上光三郎　1993　さきたま出版会
- 魚の目から見た越辺川　渡辺昌和＋坂戸自然史研究会　まつやま書房

他

あとがき

　自然保護の関心が高まり自然に興味を持つ人々が増えたことはとてもうれしいことです。でも多くの人はきれいな花を求め、また美しくさえずる鳥を求めて自然の中へと出かけます。そして専門家は自分の分野についての研究に没頭しています。したがって植物の図鑑や鳥の図鑑、昆虫図鑑などは数多く出版されていますが、いきもの全般を扱った図鑑はとても少ないのが現状ではないでしょうか。自然の中にはほ乳類やは虫類、両生類をはじめクモや魚、キノコやシダなどとても多くの動植物が生活しています。埼玉県内の主な動植物が1冊の図鑑にまとめられていれば自然の中へ出かけるときに何冊もの図鑑を持ち歩かなくても済みます。植物図鑑に比べれば掲載種は少ないかもしれません。昆虫図鑑に比べればやはり掲載種は少ないでしょう。でも本書に掲載されている種はすべて埼玉県内で見られる種ばかりです。もちろん掲載されていない種は多くありますが、一般的に見られる種の多くは取り上げていますので埼玉県内の動植物を知る入門的図鑑としては便利に使っていただけるのではないかと思います。

　本書には極力埼玉県内で撮影した写真を使用しましたが撮影できなかったりより良い写真を使用するために他県で撮影した写真も利用しました。取材中にはさまざまな出来事がありいい思い出にもなりました。早朝に山に入ろうとしたらニホンカモシカが出迎えてくれたり、夕暮れ時の林道ではヤマドリがポーズをとってくれたりして感激しました。ハクレンのジャンプの撮影では何度も通い結局2匹のジャンプしか撮影できませんでした。その撮影の日にもう少しそこで粘っていれば1000匹以上の大ジャンプが見られたということをあとで知って悔しい思いをしました。今回改訂にあたり再度挑戦しどうにか数十匹がジャンプする写真を撮影することができました。

　北本自然観察公園の荒木三郎氏には取材の案内をしていただいたり多くの写真をご提供いただきました。同じく高野徹氏にはトンボの同定にご協力いただきました。この場をお借りして心より御礼申し上げます。本書に掲載した動植物をはじめ埼玉県内に生息するいきものたちが絶滅することなくいつまでも私たちの目に触れられるように自然環境がこれ以上破壊されることなく保たれ続けていくことを願うばかりです。

解説 葛生淳一
Junichi Kuzu

1969年高崎生まれ。県立高崎高校から早稲田大学教育学部卒。幼いころからの虫好きで、永年勤務していたお堅い職を辞し、気付けばこんなことばかりしている。高崎観音山の自然環境の素晴らしさを実感し、調べているうちにいつしか県内全域に活動範囲が広がってしまい収拾がつかない。しかも実は野鳥のキャリアのほうが長く、哺乳類の生息調査は通年行っているために活動範囲が広がってしまい収拾がつかない。そのうえ老眼の悪化により今後のカメラ操作に大いなる課題を残している。ＮＰＯ法人観音山丘陵調査理事長。毛野秩父虫の会会員。日本トンボ学会会員。日本野鳥の会群馬前高崎支部長かつ鳥獣保護員。主な著書に「群馬の昆虫生態図鑑」（メイツ出版）がある。

写真 前田信二
Shinji Maeda

1953年愛知県生まれ。青山学院大学法学部に在学中イスラエルのテル・ゼロールの発掘に参加。法学部卒業後に同大学文学部史学科に学士編入。古代イスラエル史を専攻。史学科卒業後は書店勤務を経て出版に従事。子どもの頃に好きだった昆虫に限らず動植物全般に興味を持つようになる。主な著書に『尾瀬の自然図鑑』『高尾山の自然図鑑』『筑波山の自然図鑑』『日光の自然図鑑』『神奈川いきもの図鑑』『東京いきもの図鑑』『千葉いきもの図鑑』「栃木いきもの図鑑」『群馬いきもの図鑑』「茨城いきもの図鑑」「都会のいきもの図鑑」（メイツ出版）などがある。

【写真提供】

荒木三郎：p.6 ホンドキツネ、p.9 ホンドカヤネズミ、p.12 ニホンヤモリ、p.32 ヤマシギ、p.34 サシバ、p.75 ウラゴマダラシジミ、p.76 ウラナミアカシジミ、p.78 トラフシジミ、p.91 オオミズアオ、p.113 アオマダラタマムシ、ウバタマムシ、p.120 ミヤマカミキリ、p.124 クワカミキリ、シロスジカミキリ、p.140 クツワムシ、p.144 ニホンミツバチ、p.146 ヒメカマキリモドキ、p.147 キバネツノトンボ、p.155 オニユリ、コオニユリ、p.162 ノハナショウブ、p.185 チョウジタデ、p.191 イヌハギ、p.194 ナガボノシロワレモコウ、p.195 ゴキヅル、p.197 ハタザオ、p.199 ノジトラノオ、サワトラノオ、p.204 コバノカモメヅル、p.211 オオアブノメ、p.214 バアソブ、p.216 カワラニンジン、p.232 イロハモミジ、p.251 マイタケ　前田将誌：p.13 ヤマアカガエル、p.140 セスジツユムシ

埼玉いきもの図鑑 改訂版

2018年6月30日　第1版・第1刷発行

著　者……… 葛生淳一・前田信二
発行者……… メイツ出版株式会社
　　　　　　代表者＝三渡　治
　　　　　　〒102-0093 東京都千代田区平河町1-1-8
　　　　　　TEL 03-5276-3050（編集・営業）
　　　　　　TEL 03-5276-3052（注文専用）
　　　　　　FAX 03-5276-3105
印　刷……… 三松堂株式会社

●乱丁・落丁本はお取り替えいたします。◎無断転載、複写を禁じます。
●定価はカバーに表示してあります。

Ⓒ 葛生淳一・前田信二、2018. ISBN978-4-7804-2038-8 C2026
Printed in Japan. 1-1